ÉTUDES

SUR

L'ÉLEVAGE, L'ENTRETIEN ET L'AMÉLIORATION

DE LA

RACE BOVINE

EN ALSACE

SUIVIES

DE QUELQUES RÉFLEXIONS SUR LA LOI DU 11 FRIMAIRE AN VII
RELATIVE AUX PÂTRES ET AUX TROUPEAUX,

PAR

J. F. FLAXLAND.

Extrait de la REVUE D'ALSACE.

PARIS,
LIBRAIRIE AGRICOLE DE LA MAISON RUSTIQUE, RUE JACOB, 26.
STRASBOURG,
CHEZ J. NOIRIEL, PLACE GUTENBERG, 10.
1867.

ÉTUDES

SUR

L'ÉLEVAGE, L'ENTRETIEN ET L'AMÉLIORATION

DE LA

RACE BOVINE

EN ALSACE

SUIVIES

DE QUELQUES RÉFLEXIONS SUR LA LOI DU 11 FRIMAIRE AN VII
RELATIVE AUX PATRES ET AUX TROUPEAUX,

PAR

J. F. FLAXLAND.

Extrait de la REVUE D'ALSACE.

PARIS,

LIBRAIRIE AGRICOLE DE LA MAISON RUSTIQUE, RUE JACOB, 26.

STRASBOURG,

CHEZ J. NOIRIEL, PLACE GUTENBERG, 10.

1867.

TABLE DES SOMMAIRES.

UN MOT AU LECTEUR.

Frappé, lors des concours régionaux, de la médiocrité
et de l'assemblage confus du gros bétail de notre province,
le directeur de la *Revue d'Alsace* voulut bien m'inviter
à lui adresser quelques renseignements écrits, d'abord
sur les causes de cette médiocrité, et ensuite sur les
moyens propres à y remédier.

Dès le mois de janvier 1865, la *Revue d'Alsace* s'em-
pressa de publier mes premières communications auxquelles je croyais devoir borner mes observations. Mais,
quelle que soit l'étude que l'on puisse entreprendre, au
fur et à mesure que l'on y avance, son cercle s'étend,
s'élargit, et bientôt elle devient, comme le dit judicieusement un poète philosophe de la docte Allemagne, « elle
devient un monde entier et infini. » A mon tour je m'a-
perçus bientôt non-seulement de la complication du sujet
que j'avais entrepris de traiter, mais aussi de la difficulté
de resserrer, dans un cadre restreint, les nombreuses
branches qui se rattachent à l'élevage et à l'entretien de
nos animaux domestiques. Ce n'est donc que l'accueil

bienveillant que trouvèrent les premiers chapitres de ces études auprès du public et auprès d'un certain nombre d'hommes très-compétents, qui pouvait me décider d'aller plus avant dans un travail dont le sujet semblait, de prime abord, si peu propre à être exposé dans une *Revue* plus spécialement destinée alors à l'histoire, aux beaux-arts, aux questions littéraires et archéologiques.

Ces quelques lignes expliqueront au lecteur le manque d'un plan général, conçu d'avance et dominant ce travail, ainsi que les raisons qui ont dû nécessairement m'engager à ne pas entrer dans les nombreuses questions secondaires qui entourent l'économie du bétail. Je ne puis donc avoir la prétention d'offrir ici au cultivateur alsacien un travail complet, c'est-à-dire, un traité ou manuel à consulter dans les moments difficiles qui se présentent lors des maladies des animaux, des parturitions dangereuses, dans le choix des sujets. etc., etc. Si utiles que soient ces traités, surtout dans les fermes isolées et éloignées des secours du vétérinaire, je n'aurais fait, dans ce cas, qu'ajouter un manuel de plus à ceux qui existent et qui, généralement, ne laissent que peu à désirer.

Ces études s'adressent donc plus directement à nos Sociétés d'agriculture, à nos comices, à nos grands propriétaires, et, si ce n'était pas trop immodeste, je dirais même qu'elles s'adressent également aux hommes spéciaux empêchés, le plus souvent, par de longues et laborieuses études pathologiques, de s'initier, autant que le cultivateur, dans l'économie rurale, circonstance de laquelle il résulte souvent des malentendus que je me suis efforcé d'éclairer autant qu'il était en mon pouvoir. D'un autre côté, le but que je m'étais proposé était d'attirer l'attention publique sur des questions trop peu soutenues dans notre province, comme celles de la production des viandes de boucherie, des graisses, des peaux, des suifs, etc.; de démontrer ensuite la nécessité d'une réforme complète dans nos procédés d'élevage et de reproduction, et enfin de signaler les difficultés qui existent, à ce sujet, entre les administrations départementales et communales.

J'ai, du reste, la satisfaction de voir que je n'ai pas inutilement sacrifié mes loisirs à ces études: publiées d'abord par la *Revue d'Alsace*, je viens de le dire, elles ont été reproduites intégralement par le *Bulletin de la Société départementale d'agriculture du Haut-Rhin*; et, d'un autre côté, j'ai à signaler les tendances qui se sont manifestées cette année dans un certain nombre de comices du Haut-Rhin, et qui consistent à primer principalement les races bovines du pays. Toutefois, je suis loin de croire d'avoir trouvé la solution de problèmes aussi difficiles que ceux que j'avais à résoudre et mes prétentions se bornent à avoir posé l'une des premières pierres d'un édifice à la construction duquel le concours des hommes de l'art, ainsi que de toute la population agricole, est nécessaire.

Un mot encore: Le chapitre III de ces études était publié au moment de l'invasion du fléau qui a si cruellement ravagé le bétail des Iles-Britanniques. Je n'ai rien à retrancher de ce que j'ai dit à propos des races des steppes et je n'ai qu'un regret à exprimer: celui d'avoir donné une description trop imparfaite de ces animaux dont l'importation est devenue aujourd'hui une nécessité aussi urgente qu'elle est dangereuse, surtout pour nos départements frontières de l'est et du nord.

Après ces quelques mots d'explication, il ne me reste qu'à souhaiter de voir l'Alsace, « cette contrée aimée du

ciel, » selon l'expression d'un ancien chroniqueur, abandonner des procédés qui n'ont conduit jusqu'ici qu'à des
résultats fâcheux et entrer résolument dans des améliorations dont les départements voisins lui offrent à la fois
l'exemple et des garanties de réussite.

J. F. FLAXLAND.

Kientzheim (Haut-Rhin), le 20 décembre 1866.

ÉTUDES

SUR L'ÉLEVAGE, L'ENTRETIEN ET L'AMÉLIORATION

DE LA RACE BOVINE EN ALSACE

SUIVIES

DE QUELQUES RÉFLEXIONS SUR LA LOI DU 11 FRIMAIRE AN VII

RELATIVE AUX PATRES ET AUX TROUPEAUX.

Extrait de la REVUE D'ALSACE.

> L'agriculture est la base de la société française ; l'industrie et les
> arts n'en sont que la suite.
>> (MIGNERET. Préfet du Bas-Rhin. Discours prononcé
>> à la fête agricole de Schlestadt , 1859.)

I.

SOMMAIRE : LA ZOOTECHNIE. — LE CROISEMENT. — LA CONSANGUINITÉ. — LA
SÉLECTION. — L'ATAVISME. — LES ÉLEVEURS ANGLAIS — LE COMICE AGRICOLE DE
L'ARRONDISSEMENT DE STRASBOURG.

Dans l'économie rurale l'augmentation et l'amélioration du bétail
jouent incontestablement le rôle le plus éminent. La rareté des animaux
de rente et la pénurie des fourrages qui se manifestent de toutes parts
en France sont les causes de ce manque d'engrais qui paralyse les
efforts de l'agriculture.

On a donc déduit de cette circonstance qu'il est non seulement nécessaire d'augmenter le nombre des bestiaux, mais qu'il est urgent de
n'utiliser les fourrages dont on dispose qu'à l'élevage et à l'entretien
des animaux dont la constitution et les aptitudes [1] sont les plus favorables
au rendement ou aux services que l'on exige d'eux.

Cette nécessité a créé, vers la fin du siècle dernier, une science
nouvelle dont Daubenton, le célèbre agronome de la Bourgogne, fut le

---

[1] On entend par « aptitude » les dispositions naturelles d'un animal ou d'une
race pour une destination spéciale. Telles sont les aptitudes au travail, à l'engraissement, à la production du lait, etc., etc.

fondateur. Depuis cette époque la zootechnie a fait des progrès rapides. Aujourd'hui elle nous sert de guide dans le choix des animaux domestiques, dans leur rendement, dans leur conservation et dans leurs maladies. Elle nous apprend à connaître les fonctions de la respiration et de la digestion ; elle constate l'influence des conditions extérieures sur les organes intérieurs dont elle détermine les actions soit spéciales, soit communes ; et enfin elle nous fait connaître les rapports qui existent entre les éléments du sang et les principes nutritifs des fourrages.

Ces généreux efforts de la science sont certainement des preuves évidentes de l'importance qui s'attache à l'amélioration de nos animaux. Cette importance, du reste, est également constatée par les nombreux encouragements que l'Etat accorde à nos éleveurs par l'entremise des sociétés d'agriculture, des comices agricoles et des concours régionaux.

La France, en instituant ces concours, a suivi l'exemple donné par ses voisins d'outre-Manche où la Société royale d'agriculture, composée de plus de 5,000 membres et jouissant d'immenses ressources, convoque, depuis un grand nombre d'années, les producteurs du pays au grand meeting annuel. L'Angleterre était naturellement appelée, et par sa position topographique et par les besoins de sa consommation toujours croissante, à prendre cette initiative. Favorisées par une température humide et tempérée, les plantes fourragères y atteignent rapidement cette végétation luxuriante si nécessaire à la production des viandes qui constituent l'alimentation principale de la nation britannique.

Remettre, autant que possible, l'équilibre entre la consommation et la production ; tel fut le principe posé dans ces concours. L'alimentation de la nation anglaise étant, comme nous venons de le faire remarquer, essentiellement animale, ce fut à l'élevage et à l'amélioration des races que l'on s'adressa. C'est alors que l'idée prit naissance chez nos voisins, qu'un animal domestique n'est, en définitive, qu'une machine qui consomme et qui produit ; que le produit le plus rémunérateur ne peut être que la chair, et que par conséquent, l'animal qui sera apte à s'engraisser le plus rapidement sera aussi le plus utile.

Ce fut l'infatigable fermier de Dishley-Grange qui, le premier, trouva une solution à ce problème ; le mouton de Robert Backewell est resté jusqu'aujourd'hui le type le plus parfait du mouton de boucherie. Backewell fut bientôt imité par les frères Collins ou Colling, fermiers à Darlington, qui appliquèrent les procédés du fermier de Dishley-Grange à la race bovine de la vallée de la Tees. Les résultats obtenus par

Charles Colling eurent, en effet, une telle réputation, qu'après sa mort les quarante-sept animaux qui avaient composé ses étables furent vendus à l'enchère pour la somme énorme de 178,000 fr.

Aujourd'hui tout le monde connaît ces animaux monstrueux sous la dénomination de « *Durham* ou courtes-cornes. » Ils sont propres à être engraissés dès l'âge de deux ans ; leur charpente osseuse est réduite à des proportions si minces et les parties charnues du corps sont si largement développées, qu'ils rendent près des trois quarts de leur poids en viande.

Nous avons donc naturellement à nous demander quels ont été les procédés des éleveurs anglais pour donner une si grande perfection à ces machines productrices de viande ? Les frères Colling avaient long-temps cherché à entourer de mystères les procédés en question, et l'opinion, généralement admise, attribuait l'origine de la race des courtes-cornes au croisement de vaches hollandaises avec des taureaux indigènes. C'est apparemment à cette opinion que l'on doit les nombreux essais et les immenses sacrifices que les cultivateurs de tous les pays ont faits depuis le siècle dernier pour le croisement des races bovines. Mais, soit que les résultats obtenus par ce procédé n'aient pas toujours répondu à l'attente, soit que de nouvelles recherches aient donné de nouvelles lumières à ce sujet, le fait est, qu'à l'heure qu'il est, l'origine des Durham n'est plus attribuée au système de croisement mais au système de sélection, c'est-à-dire au choix intelligent fait parmi les sujets d'une seule famille.

C'est donc aujourd'hui un fait certain, dit M. Dehérain [1], que les frères Colling n'ont introduit aucun animal étranger dans la race Durham, mais qu'ils ont uni le père à la fille, la mère au fils, le frère à la sœur, etc., de façon à perpétuer les qualités qu'avaient leurs reproducteurs les plus remarquables. Une vache célèbre, *Clarissa*, qui, à la vente de Charles Colling, atteignit un prix très-élevé, était fille, petite-fille, arrière-petite-fille jusqu'à la septième génération du taureau *Favourite* [2].

[1] Voy. P. DEHÉRAIN, *Annuaire scientifique*, 1863.

[2] Les taureaux *Favourite* et *Hubbach* étaient les taureaux les plus célèbres de la race Durham. *Favourite* fut accouplé avec sa mère qui donna naissance au taureau *Comet* ; celui-ci ainsi que *Master Butterfly* furent vendus, le premier pour 26,250 francs et le second pour 30,000 francs.

Ces circonstances qui semblent prouver d'une manière incontestable l'efficacité du système de la sélection, n'ont cependant pas pu convertir, jusqu'à présent, les nombreux partisans du croisement, système qui consiste, on le sait, à accoupler ou deux races indigènes différentes ou une race indigène avec une race étrangère. Les partisans de ce système reprochent à la sélection d'être un procédé très-lent, d'exiger beaucoup de discernement, beaucoup de capitaux et surtout beaucoup de persévérance. Ils considèrent donc comme plus avantageux d'opérer par le croisement, en d'autres termes, de se servir de sujets ou de types étrangers et supérieurs à ceux que nous possédons, afin d'accélérer les améliorations, qui, par la sélection, leur semblent exiger quelques fois vingt à trente ans pour obtenir un résultat satisfaisant.

A part ces arguments, on fait encore valoir les dangers de la consanguinité qui, selon les adversaires de la sélection, auraient l'inconvénient de perpétuer les vices de constitution, de les développer et de diminuer souvent la fécondité de la race.

Les preuves ne font pas plus défaut que les arguments aux préconiseurs des croisements. C'est ainsi que l'on cite, comme exemple, la belle vacherie de M. le marquis de Torcy. Préoccupé, dès 1825, de la nécessité d'améliorer sa race bovine, M. de Torcy avait longtemps opéré par sélection parmi les sujets les mieux doués de la Normandie. Les résultats qu'il a obtenus, dit-on, avaient peu compensé ses peines et ses dépenses. Plus tard, M. de Torcy a dû avoir recours au croisement qui fut d'abord opéré sur des races Schwitz et bientôt après par les Durham, qui, en 1838 seulement, furent introduites en France, au haras du Pin. Le taureau Durham fut dès lors allié aux femelles schwitz-normandes et on obtint ainsi des sujets qui, sous les rapports de la précocité et du rendement, ont fait, depuis, l'admiration des éleveurs. Ces sujets, connus sous la dénomination de race Durham-Schwitz-Normand, ont remporté à Poissy plus de soixante prix depuis 1843.

Ces faits et bien d'autres encore, que le cadre restreint de ces pages ne nous permet de relater, seraient des preuves d'un grand poids en faveur du croisement, si les adversaires de ces alliances ne venaient pas, à leur tour, présenter des preuves et des arguments contraires qui ont singulièrement contribué à compliquer ce difficile problème.

Ce sont d'abord les dangers de la consanguinité qui sont vivement contestés. On ne nie pas que dans l'espèce humaine, lorsqu'il existe des dispositions à certaines affections spéciales dans une famille, les mariages en propre parenté peuvent donner naissance à des enfants plus enclins que d'autres à ces affections ; mais on se demande s'il en est de même parmi les animaux ?

Cette question qui , à coup sûr , est hérissée de difficultés à cause des nombreuses preuves contradictoires alléguées de part et d'autre , fut considérée comme assez importante pour occuper l'*Académie des sciences* de Paris [1]. En effet, dans le courant de l'année 1862, M. A. Sanson soutenait , devant l'illustre assemblée, qu'au point de vue zootechnique les accouplements consanguins étaient considérés comme le moyen le plus prompt et le plus efficace pour atteindre le perfectionnement des animaux domestiques, et que les habiles éleveurs qui ont amélioré les races que nous admirons le plus, ont accouplé leurs sujets précisément en proche parenté, *in and in*, comme disent les savants.

M. A. Sanson puise des faits dans l'histoire généalogique des chevaux anglais de course et démontre que bon nombre des plus célèbres vainqueurs du turf étaient issus également d'accouplements consanguins. « On accordera, dit-il, que pour déployer la somme d'énergie qui assure la victoire dans les exercices des courses, ils devaient être en possession de toutes leurs facultés. »

De l'espèce chevaline M. Sanson passe ensuite à l'espèce bovine et, après avoir cité les résultats obtenus par des éleveurs anglais, il ajoute, que dans l'amélioration des races françaises les mêmes faits se sont présentés : dans la race charolaise, par exemple, qui, loin de s'amoindrir, tend au contraire de plus en plus à s'étendre dans la région du centre de la France, les plus célèbres éleveurs ont obtenu le plus grand succès par le très-fréquent usage des accouplements consanguins.

M. Sanson termine sa savante dissertation, dont nous n'avons pu reproduire que quelques lignes, en disant « que les faits empruntés à l'histoire authentique des races chevalines, bovines, ovines et porcines de l'Angleterre et de la France, autorisent à conclure que, en ce qui concerne au moins les animaux domestiques, les inconvénients attribués à la consanguinité n'ont aucun fondement dans l'observation. »

Dans l'une des séances suivantes (4 août 1862) M. Beaudoin présenta à son tour des considérations qui concordèrent sensiblement avec celles émises par M. Sanson. M. Beaudoin cita de nombreux exemples établis par un travail d'observation suivi et se continuant depuis

[1] Séances du 21 juillet, du 4 août et du 11 août 1862.

vingt-deux années consécutives sur un troupeau de trois cents brebis mérinos. M. Beaudoin ne voit aucun inconvénient dans les unions consanguines, à condition, toutefois, que celles-ci soient opérées entre *reproducteurs de choix.*

Mais les opinions de ces honorables savants ne tendaient à rien moins qu'à renverser des principes qui étaient, pour ainsi dire, érigés en axiomes. En effet, les naturalistes de toutes les époques, et dans le siècle dernier encore, le célèbre Buffon ont enseigné que les qualités les plus estimables et les plus parfaites sous les rapports de la constitution et de la beauté des races primitives, sont tellement éparses sur la terre que l'on n'en retrouve que des parties isolées dans les différentes régions du globe ; tandis que les qualités inférieures ont la tendance bien marquée de se développer partout où l'on ne cherche pas à les entraver par un croisement judicieux entre les races originaires et les races descendantes.

Il n'est donc pas surprenant que les opinions émises par MM. Sanson et Beaudoin aient trouvé, au sein de l'Académie comme au dehors, de nombreux contradicteurs. Après M. Flourens qui chercha autant que possible à concilier les partis adverses, ce fut M. J. Gourdon qui attaqua le plus vivement la nouvelle doctrine.

Le mot *amélioration,* selon M. Gourdon, a une signification toute différente suivant qu'on l'applique à l'homme ou aux animaux. Chez l'homme l'amélioration représente l'accroissement des puissances organiques qui concourent à entretenir la santé et la vie ; chez l'animal, au contraire, c'est le développement des formes et des aptitudes les mieux appropriées à sa destination, dût même ce développement n'être obtenu qu'aux dépens de la constitution du sujet et de la durée de son existence.

« Ces facultés nouvelles, dit M. Gourdon, que nos besoins nous font rechercher, varient suivant les espèces. Tantôt, comme chez les races de produit, c'est la précocité, la prédominance du système musculaire, l'aptitude à l'engraissement, ou une lactation abondante, ou encore la production d'une laine fine et soyeuse ; tantôt, comme chez le cheval pur sang, c'est une vitesse d'allure excessive ; toutes choses assurément utiles, à un point de vue donné, mais qui, physiologiquement parlant, n'en constituent pas moins de véritables anomalies. Ces belles races anglaises, le bœuf Durham, le mouton Dishley, le porc Newleicester, pour ne citer que les plus célèbres, vrais chefs-d'œuvre de l'industrie humaine, qui font l'admiration du monde entier et la

fortune de leurs propriétaires, sont en définitive de *véritables mons-
truosités, constituées contrairement à toutes les lois de l'hygiène*. Dans
l'acception rigoureuse du mot, que voit-on, en effet, chez ces animaux ?
Des formes naturelles détruites, un développement contre-nature du
système adipeux, une rapidité de croissance qui rapproche d'autant plus
le terme de la vie, une fécondité moindre, une prédisposition plus grande
aux affections cachectiques, etc. Or, *si tels sont les produits de la consanguinité*, il n'y a pas lieu, tant s'en faut, d'en rien conclure contre
l'influence pernicieuse justement attribuée à ce mode de reproduction. »

Assurément, chaque parole de M. Gourdon a une portée décisive ;
nous ne pouvons donc omettre, dans l'intérêt du sujet qui nous occupe,
de reproduire une grande partie de ses arguments qui, à tous égards,
méritent de fixer l'attention de nos agronomes et de nos éleveurs alsaciens.

« Il ne faut pas d'ailleurs exagérer, continue l'honorable savant, le
rôle de la consanguinité. D'abord, elle ne concourt pas seule au perfectionnement des races domestiques. Il est d'autres moyens encore,
consacrés par la pratique et par la science, pour donner aux animaux
les qualités requises ; tels sont : la *castration*, la *stabulation permanente*, *l'alimentation forcée*, *l'entraînement*, etc., à l'aide desquels
on peut aussi modifier, plus ou moins, les facultés natives des individus pour les diriger vers un but déterminé, et sans que pour cela,
remarquons-le en passant, on ait jamais conclu de l'efficacité de ces
pratiques comme *moyen d'amélioration* des races animales....... »

.... « Les produits obtenus par les éleveurs anglais ne prouvent
rien contre les effets fâcheux de la consanguinité sur la constitution
générale des individus. Du temps de Baquewell même on avait pu
remarquer dans la race Dishley une dégénérescence organique manifeste, caractérisée par une tendance marquée à la cachexie et à l'affai-
blissement des facultés génératrices. Cette dégradation morbide, qui eût
fini par frapper de mort la race entière, s'est arrêtée lorsque, par suite
de la formation de branches nouvelles résultant de la multiplication de
la famille primitive, il devint possible d'unir les individus qui, bien que
*de même souche, n'offraient plus entre eux que des degrés éloignés de
parenté*. »

Enfin, M. Gourdon termine par la conclusion que la consanguinité
est pour toutes les espèces une cause d'abâtardissement et de déchéance ;
mais il convient néanmoins qu'il est utile quelquefois d'y recourir,

comme à un mal nécessaire que l'on subit en vue d'un intérêt supérieur. Tels sont à-peu-près les points principaux des débats qui ont occupé, pendant plusieurs séances, les infatigables membres de l'Académie des sciences.

En Allemagne la question n'est pas moins vivement débattue depuis une longue série d'années entre bon nombre de savants agronomes et, au moment même où nous écrivons ces lignes, on nous remet une brochure très-intéressante que vient de publier, à propos du même sujet, le Dr Weidenhammer, professeur d'économie rurale à Stuttgart [1].

M. Weidenhammer remonte, avec une persévérance toute germanique, jusqu'à la plus haute antiquité et y cherche les preuves, tant historiques que géologiques, nécessaires pour démontrer que les races primitives ou originaires des animaux domestiques se sont constamment modifiées dans la suite des siècles, selon les besoins de l'humanité et selon les soins dont ils ont été entourés. Contrairement à des théories longtemps admises et qui considéraient la stabilité des races comme l'état le plus conforme aux lois de la nature, M. Weidenhammer pense que le changement continu dans l'organisme des êtres vivants ne peut être que le but de la Création. Les animaux, dit-il, se modifient successivement, quoique ces modifications soient à peine apparentes, selon les contrées qu'ils habitent, selon le climat, selon la végétation qui leur sert de nourriture et enfin selon les soins artificiels que nous leur procurons.

Nous ne suivrons pas plus loin le savant professeur allemand qui s'élève parfois jusqu'à des régions philosophiques bien certainement inaccessibles à un grand nombre de nos éleveurs. Cependant pour compléter l'exposé des différentes opinions émises dans ces derniers temps, à propos de la sélection et du croisement, nous croyons utile de résumer encore celle d'un des agronomes français les plus distingués ; nous voulons parler de M. F. Villeroy, bien connu par ses nombreux écrits et qui, en même temps, est praticien sur une grande échelle.

« Il n'est pas un homme, dit M. Villeroy [2], qui ait fait autant de tort que *Buffon* à l'amélioration des races de bétail sur le continent euro-

---

[1] *Die landwirthschaftliche Thierzucht als Argument der Darwin'sche Theorie.* 1864.

[2] *Manuel de l'éleveur de bêtes a cornes*, cinquième édition, publié avec le concours du Ministre de l'Agriculture.

péen. Buffon a soutenu le principe de la nécessité des croisements ; il a prescrit d'allier les extrêmes, les animaux du Nord avec ceux du Midi, et cette doctrine, propagée, admise partout à la faveur d'un nom illustre, a amené *des maux incalculables*. Ce fut à tel point, que l'Espagne, qui possédait une excellente race de chevaux d'origine orientale, importée par les Maures, faisait venir, en 1764, des étalons de la Normandie et du Danemarck, tandis que les précieuses juments arabes, données par le dey d'Alger au roi d'Espagne, étaient employées à produire des mulets ! La France, Naples, l'Espagne avaient pour les chevaux une immense supériorité sur l'Angleterre. Que l'on compare aujourd'hui ces pays entre eux, et qu'on nous dise lequel a suivi la bonne voie. »

Selon M. Villeroy, et nous sommes parfaitement d'accord avec lui, ce n'est pas toujours la race la plus parfaite qui donne le plus de profit, mais bien celle qui convient le mieux aux *circonstances locales et à sa destination spéciale* [1]. « Le croisement des races bovines, dit-il, a généralement trompé l'attente de l'éleveur, surtout lorsque le taureau n'a pas été l'objet d'un choix judicieux et que les deux races que l'on a alliées présentaient des différences prononcées. »

D'un autre côté, il est certain que l'*atavisme*, c'est-à-dire, la ressemblance avec ses ascendants, même très-éloignés, produit souvent dans le croisement des races des résultats monstrueux qui déconcertent tous les calculs des éleveurs. On a, en effet, remarqué qu'à la suite d'un premier croisement on pouvait obtenir des sujets remarquables, mais que les générations suivantes dégénèrent rapidement. Ce fait est constaté par bon nombre d'éleveurs, et tout récemment encore, M. le comte de Gourcy, dans ses voyages agricoles en Angleterre, faisait remarquer que dans ce pays, où l'agriculture et l'élevage ont atteint un si haut degré de perfectionnement, on ne considère le croisement comme convenable que lorsqu'il s'arrête à la première génération « tous les produits *mâles* et *femelles*, dit-il, provenant d'un croisement entre deux races différentes, sont engraissés et tués sans avoir servi à la reproduction. Ceci, ajoute-t-il, est adopté, à très-peu d'exception près, par tous les agriculteurs de l'Angleterre et de l'Écosse. »

Les paroles de M. de Gourcy sont du reste confirmées par David Low, le célèbre professeur d'Edimbourg et auteur d'un magnifique ou-

---

[1] Nous dirons plus loin ce que l'on entend par *destination spéciale*.

vrage sur les animaux domestiques de l'Europe. « Au premier croisement, dit Low, on a souvent obtenu de beaux animaux, dont quelques-uns ont figuré dans les exhibitions publiques ; mais l'amélioration est à son terme dès cette première alliance, et *les générations ultérieures sont inférieures à l'une et à l'autre des deux races croisées* [1]. »

En jetant maintenant un coup-d'œil sur les lignes qui précèdent nous voyons, d'un côté, les éleveurs anglais obtenir d'excellents résultats au moyen des alliances consanguines. Nous voyons encore M. Gourdon, l'adversaire le plus habile de ce système, avouer lui-même que la consanguinité est un mal nécessaire auquel on est obligé d'avoir quelquefois recours pour produire ces animaux difformes et monstrueux qui font la fortune de leurs éleveurs.

D'un autre côté, nous voyons le croisement des races tombé complètement en discrédit auprès des éleveurs anglais, où de longues et de nombreuses expériences ont prouvé l'inefficacité de ce procédé.

A part quelques succès isolés comme ceux obtenus par M. le marquis de Torcy, il serait également difficile de constater en France une amélioration ou la création d'une race nouvelle et durable. Nous avons cru devoir insister à faire ressortir l'inefficacité de ce dernier système, c'est-à-dire du croisement, d'autant plus, que nous le voyons préconisé,

---

[1] « On cite, comme preuve de l'incertitude et de la variété apportées dans les produits par le croisement d'animaux de races différentes, les effets résultant du croisement des différentes races de chiens. Lorsqu'on accouple des chiens de chasse de la même race, on a toujours des chiens semblables à ceux de la race à laquelle ils appartiennent. Si, au contraire, on accouple deux chiens de races différentes, on n'obtient pas des chiens offrant un mélange exact de la forme et des qualités des deux races, mais on a des chiens de formes et de qualités diverses. Les uns tiennent du père, les autres de la mère, d'autres offrent un mélange des deux races, dans des proportions différentes ; très-souvent certaines qualités ont disparu ou se sont affaiblies.

« Ainsi, au lieu de l'uniformité, de la certitude des produits, on n'aura plus que la variété et l'incertitude la plus grande. L'effet produit par le croisement dans l'espèce bovine est le même que celui provenant du croisement des races canines, seulement, dans l'espèce canine le résultat est plus frappant, parce qu'on peut l'apprécier en même temps, tandis que, dans l'espèce bovine, on ne peut l'observer que dans les produits successifs. »

(Voy. *De l'amélioration des races bovines en France*, par P. DE SAINT-FERJEUX.)

encore aujourd'hui, par les comices agricoles et les Sociétés d'agriculture de notre province, qui persistent à croire à l'influence heureuse des reproducteurs étrangers sur les races indigènes.

Au reste, voici un document [1] que nous reproduisons textuellement et qui mettra le lecteur à même de juger de l'importance que cette question présente actuellement dans notre province.

M Imlin, secrétaire général du Comice agricole de l'arrondissement de Strasbourg, nous transmet la note suivante sur la vente d'animaux reproducteurs d'origine hollandaise qui a eu lieu à Strasbourg, vendredi 30 septembre 1864.

« La vente des animaux reproducteurs de l'espèce bovine que le Comice agricole a fait acheter dans la Hollande septentrionale, a eu lieu hier au milieu d'un petit nombre de cultivateurs et d'amateurs, sous la présidence de M. Traut, conseiller de préfecture, et en présence de MM. les membres du bureau du Comice. Elle comprenait six jeunes taureaux et deux génisses pleines, et a donné au point de vue financier les résultats suivants :

« *Brillant*, âgé de 18 mois, du poids de 420 kilogr., à la ville de Haguenau, pour le prix de 355 fr.

« *Freyschütz*, 15 mois, 390 kilogr., à M. Jean Geiler, cultivateur à la Robertsau, pour 280 fr.

« *Pacha*, 18 mois, 405 kilogr., à M. Daniel Wurtz, cultivateur à la Robertsau, pour 275 fr.

« *Doctor Faust*, 15 mois, 365 kilogr., à la ville de Haguenau, pour 290 fr.

« *Balthazar*, 16 mois, 385 kilogr., à M. Thiébaut Maiküchel, cultivateur au Neuhof, pour 275 fr.

« *Tigre*, 16 mois, 355 kilogr., à M. Jean Vogt, cultivateur à la Robertsau, pour 280 fr.

« *Favorite*, 30 mois, 470 kilogr., à M. Jean Diemer, du Murhof, pour 345 fr.

« *Stella*, 30 mois, 490 kilogr., au même, pour 400 fr. [2].

« Les acquéreurs ont payé en outre pour tous frais un dixième en sus des prix résultant de l'enchère.

« Le Comice agricole, en alternant depuis plusieurs années ses achats entre les animaux du Simmenthal et ceux d'origine hollandaise, a pour but de donner satisfaction aux besoins des principaux éleveurs de l'arrondissement et de favoriser par des importations d'animaux reproducteurs de ces deux races si bien appréciées dans le département l'expérimentation de leur croisement entre eux et avec les bêtes bovines indigènes. Déjà les concours publics et les exhibitions organisés par le Comice agricole permettent de constater l'heureuse influence que ces repro-

---

[1] Voy. *Courrier du Bas-Rhin* du 4 octobre 1864.

[2] Dans le Haut-Rhin le prix moyen des vaches laitières du pays varie entre 300 et 400 francs. *(Note de l'auteur.)*

ducteurs exercent sur l'amélioration des animaux de la race dite du pays, et les personnes compétentes peuvent s'assurer que les fonds que le Conseil général du département accorde chaque année si généreusement aux Comices agricoles pour l'importation de reproducteurs étrangers, reçoivent une utile destination. Aussi malgré la pénurie et la cherté des fourrages, et malgré le petit nombre d'amateurs qui se sont présentés à notre vente, la supériorité des animaux vendus et la faveur dont jouit la race hollandaise ont été constatées cette fois encore par les prix de l'enchère qui ont dépassé de 513 fr. les prix d'achat. »

Nous ne chercherons pas à relever les contradictions que cette note nous semble renfermer. Nous dirons cependant que le petit nombre d'amateurs qui se sont présentés à la vente ne témoigne nullement du succès des expérimentations précédentes. Nous avons, tout aussi peu, l'intention de critiquer les louables encouragements donnés par le Comice agricole de Strasbourg, quoique nous demeurions convaincu que les essais en question ne seront pas plus heureux que ne l'ont été ceux faits par les éleveurs anglais et allemands et français et dont nous citerons quelques exemples dans le chapitre suivant.

II.

SOMMAIRE : LA FRANCHE-COMTÉ. — LES TOURACHES ET LES FEMELINES. — LE CONCOURS RÉGIONAL DE COLMAR EN 1860. — LES CHAROLAISES. — LES ANIMAUX GRAS EN ANGLETERRE. — UN CROISEMENT SPÉCIAL. — CONCLUSIONS.

Pour mettre, sous les yeux du lecteur, quelques exemples des résultats obtenus par les procédés que nous venons de décrire, nous croyons devoir nous adresser plutôt à des provinces voisines qu'à des exploitations isolées ou privées de nos contrées, dans lesquelles on obtient quelquefois, moyennant de grands sacrifices, un bétail exceptionnel mais dont les aptitudes productives disparaissent généralement dès le moment que les générations ultérieures sont dispersées dans les campagnes.

Les départements du Jura, du Doubs, de la Haute-Saône, de la Haute-Marne, offrent, sous ce rapport, de vastes champs à explorer.

Depuis une longue série d'années ces provinces font de remarquables efforts pour l'amélioration de leurs races bovines. C'est donc là que nous trouverons les exemples les mieux tracés, les tentatives les plus persévérantes et les résultats les plus marqués.

Nous nous adressons d'autant plus volontiers à ces départements que, sous bien des rapports, ils ont une grande analogie avec l'Alsace, la Franche-Comté surtout. Comme chez nous, il y a de hauts pâturages qui ne sont accessibles que pendant quelques mois de l'été, l'industrie fromagère y est exploitée depuis une quarantaine d'années sur une échelle assez considérable ; les cultures y sont également variées ; nous y retrouvons le petit cultivateur avec tous les avantages et tous les inconvénients qui se rattachent au morcellement de la propriété territoriale et enfin, nous y voyons, comme en Alsace, l'étable du petit cultivateur ne renfermer qu'un petit nombre de bestiaux.

Ces départements possèdent, on le sait, deux races bovines bien distinctes. Les *touraches* et les *femelines*. La première de ces races est celle qui occupe les hauteurs de la chaîne du Jura qui séparent la France des cantons suisses de Neufchâtel et de Vaud. Les touraches ont le poil rouge foncé et hérissé le long de l'épine dorsale, elles ont la tête forte, le chanfrein court et large, l'œil inquiet, les naseaux ouverts, les cornes grosses, courtes et écartées, le cou épais et court, le garrot élevé, le fanon prolongé jusqu'aux genoux, la poitrine large, le train de derrière étroit et enfin la peau épaisse et se chargeant difficilement de graisse.

Cette description, on le voit, n'est guère avantageuse pour la famille des touraches. Il n'est donc pas surprenant que les habitans des hauteurs en question aient constamment emprunté et empruntent encore annuellement environ quatre à cinq mille têtes de gros bétail à la Suisse. Heureusement, depuis une vingtaine d'années, ces emprunts continus ont fait disparaître en grande partie les touraches qui, peu à peu, se confondent entièrement avec des races suisses.

Mais si par ces emprunts ou plutôt par l'importation des sujets mâles et femelles on a pu parvenir, sur les montagnes jurassiques, à modifier la race indigène, il faut bien certainement attribuer ce succès à l'homogénéité des climats et des altitudes des deux contrées voisines.

La seconde race de la Franche-Comté, c'est-à-dire la *femeline*, occupe les plaines du Jura, du Doubs, de la Haute-Saône et s'étend jusqu'au-delà du département de la Haute-Marne. C'est dans ce dernier département que des expérimentations curieuses, dans le but de croiser les femelines avec des races étrangères, ont déjà été entreprises, il y a un grand nombre d'années, par l'un des éleveurs les plus riches et les plus expérimentés de la Suisse. Celui-ci avait fait aux armées de la République française des fournitures pour des sommes importantes et avait reçu, en paiement, un grand domaine situé dans le département en question et qui avait été confisqué par l'Etat sur un émigré. Pour donner un grand développement à sa nouvelle exploitation, il y fit amener de magnifiques troupeaux de vaches et de taureaux pris dans les herbages luxuriants de son pays. Ces animaux furent nourris, soignés et traités sous tous les rapports comme ils l'étaient en Suisse et, néanmoins, ils ne tardèrent pas à dégénérer, au point que leur propriétaire fut forcé d'abandonner une entreprise qui lui avait coûté des sommes considérables.

Pendant que ces expérimentations eurent lieu sous la direction de l'éleveur dont nous venons de parler, d'autres expériences non moins instructives furent entreprises par les cultivateurs des campagnes à l'entour du domaine en question. Dans l'espoir d'obtenir des animaux supérieurs à la race indigène, ces cultivateurs avaient fait saillir un grand nombre de leurs vaches par les taureaux helvétiens; mais là encore, d'après des renseignements que nous avons pu recueillir à ce sujet, les résultats furent des plus déplorables.

Quelques années après ces malheureux essais le département de la Haute-Marne eut de nouveau recours aux croisement de la race indigène avec des races étrangères. Cette fois ce fut l'administration elle-même qui se mit d'accord avec les particuliers pour importer des taureaux suisses. Malheureusement, les résultats furent les mêmes que ceux déjà signalés. « Aujourd'hui, dit M. de Saint-Ferjeux, on peut encore voir, dans les campagnes de la Haute-Marne, un assez grand nombre de vaches et de bœufs montés sur de hautes jambes, les flancs creux, la poitrine serrée, les hanches étroites, le poil long; c'est là, ajoute-il, le triste produit du croisement des taureaux suisses avec les vaches indigènes [1]. »

On reconnaît la race femeline, que l'on a cherché, à différentes reprises, comme nous venons de le voir, à transformer en sujets suisses, à sa couleur châtain-clair, désignée généralement sous le nom

[1] Voy. *De l'amélioration des races bovines en France*, pag. 23.

de *froment.* La femeline a la tête fine, les cornes courtes, le regard doux, le train de derrière large, les jambes courtes et le corps allongé. Au reste, nos lecteurs du Haut-Rhin, se rappelleront sans doute la magnifique collection, la longue rangée d'animaux appartenant à cette race et qui était exposée, il y a quelques années, au concours régional de Colmar. Nous n'hésitons pas à dire que beaucoup de nos éleveurs étaient fort surpris de voir cette nombreuse réunion où les individus semblaient tous avoir été formés sur un seul et même moule et dont les merveilleuses proportions n'échappaient à l'attention de personne.

Cette exhibition avait, en effet, pour nous, quelque chose d'étrange, quelque chose de nouveau ! — Habitués à voir et dans nos étables et dans nos troupeaux d'Alsace les individus pêle-mêle sous les rapports du pélage et des formes, nous fûmes si surpris à la vue de cette longue file d'animaux, si ressemblants les uns aux autres que nous ne pouvions nous empêcher de demander à l'un de leurs gardiens la cause de cette imposante uniformité, qui est le signe le plus indubitable de la pureté de la race.

« C'est bien simple, nous répondit nonchalamment le modeste bouvier en passant sa main familièrement sur la tête de son magnifique taureau, M. le Préfet n'en veut pas d'autres. » Cette réponse laconique du gardien n'était pas de nature à nous encourager à pousser plus loin notre interrogatoire et, nous rappelant les mystères dont les frères Colling avaient entouré leurs procédés, nous renonçâmes à devenir indiscrets.

Et cependant, ce qui nous porte aujourd'hui à croire que le gardien n'a usé que de franchise à notre égard, c'est que, depuis, nous avons vu une lettre, insérée dans le journal *d'agriculture pratique,* et qui confirme, jusqu'à un certain point, l'affirmation de l'estimable conducteur.

La voici :

« Monsieur le Directeur, j'ai l'honneur de vous adresser les renseignements que vous avez bien voulu me demander sur mon taureau femelin. Ce taureau a obtenu un premier prix (médaille d'or et 700 fr.) au concours général de Paris en 1860, et un premier prix (médaille d'or et 600 fr.) au concours régional de Beauvais en 1861. Il est âgé de 52 mois et je le considère comme un très-beau type de la race à laquelle il appartient.

« On a prétendu longtemps et quelques-uns croient encore, à tort ou à raison, qu'il n'est pas possible de perfectionner par elles-mêmes les races diverses de l'espèce bovine. Si je ne m'abuse pas, mon taureau femelin me paraît une protestation vivante et énergique contre cette opinion : il appartient bien à la race femeline pure, qu'on est parvenu à reconformer et à régénérer par le choix seul de ses reproducteurs et sans introduction aucune de sang étranger. Ce magnifique résultat est dû, surtout, à la louable initiative de M. le Préfet et de MM. les conseillers généraux de la Haute-Saône, qui accordent, chaque année, de nombreuses primes d'encouragement aux éleveurs qui s'occupent d'améliorer cette belle race indigène, au moyen de laquelle les Francs-Comtois sont parvenus à obtenir, sans mélange, des sujets d'élite, travailleurs et laitiers, supérieurs même à nos excellents *charolais* surnommés pourtant, à juste titre, les *durhams* de France.

« Signé : GIOT, cultivateur. »

S'il fallait maintenant pousser encore plus loin nos investigations, dans ce cas, nous citerions à notre tour la race *charolaise* que M. Giot vient de mentionner. C'est, en effet, l'une des races les plus anciennes, les plus belles et les plus estimées de France. Elle est entretenue et perfectionnée par des cultivateurs d'une grande intelligence, qui apprécient très-haut ses qualités et corrigent chaque jour les imperfections de forme que l'on pourrait lui reprocher [1]. Cette race est grande, forte, rustique, énergique et par conséquent éminemment propre au travail ; sa précocité est remarquable, et ses bœufs sont généralement disposés à la boucherie dès l'âge de quatre à six ans. On les engraisse dans les pâturages où ils restent nuit et jour. La sobriété de ces animaux et leur prédisposition à prendre la graisse sont si grandes qu'il suffit d'un séjour de quatre ou cinq mois, sans travail, dans des prairies quelquefois médiocres pour amener ces animaux à l'état de pouvoir alimenter à la fois les deux plus grands marchés de France, Paris et Lyon.

Eh bien, là aussi, l'engouement de croiser les races a fait faire, depuis une quarantaine d'années, de nombreux essais et ce n'est que depuis peu de temps que l'on est parvenu, d'une manière définitive, à constater que si les métis du premier croisement ont souvent des qualités réellement estimables, ceux par contre, de la troisième et quatrième génération portent des signes de dégénérescence qui les rendent bien inférieurs aux ascendants des deux races croisées.

Au reste, et nous l'avons déjà fait remarquer dans le chapitre précédent, le croisement opéré dans le but d'améliorer les races indigènes

---

[1] Voy. *Races bovines de France*, par M. le Marquis DE DAMPIERRE.

est également et depuis longtemps abandonné en Angleterre et en Ecosse et néanmoins l'amélioration des races bovines y a fait, dans ces derniers temps, d'immenses progrès. « Qui eût pensé, disait récemment M. de la Tréhonnais, le judicieux correspondant du *Journal d'agriculture pratique*, qui eût pensé que les longues cornes de Warwickshire, les Sussex et les Suffolk sans cornes, les Gallois et les Irlandais et toutes les races des montagnes du Nord de l'Angleterre eussent jamais pu fournir aux concours *d'animaux gras* les types merveilleux qu'on a pu admirer cette année à Birmingham, à Liverpool, à Dublin, à Brighton et à Londres ? »

Toutefois, il ne faut pas confondre le croisement opéré dans le but d'améliorer les races, avec le croisement souvent et spécialement employé chez nos voisins d'outre-Manche pour obtenir des *animaux gras*. Si, comme l'affirme M. de la Tréhonnais, toutes les races anglaises, même les plus rebelles aux efforts des éleveurs se sont aujourd'hui tellement améliorées qu'on ne voit plus que le même type de forme et les mêmes qualités de chair, ce n'est, assurément pas, que les différentes races se soient toutes confondues en une seule. En Angleterre, comme partout ailleurs, la diversité des races existera probablement aussi longtemps qu'il y aura une différence entre la végétation des vallées et celle des montagnes, entre les fourrages provenant des grasses prairies et celui des maigres pâturages. A l'heure qu'il est, la race Ayrshire occupe encore les montagnes centrales au sud de Forth en Ecosse, celles des Herreford se retrouve toujours au pied des montagnes du pays de Galles et les Durhams se plaisent encore particulièrement dans la vallée de la Tees. Toutes ces races ne se sont donc pas fondues en une seule, mais chacune a produit des *animaux gras* et a figuré avec honneur dans les exhibitions.

Nous ne contestons pas qu'une grande partie de ces *animaux gras* n'aient été obtenue moyennant un croisement spécial qui s'arrête, comme nous l'avons dit plus haut [1], à la première génération ; nous pensons au contraire : que ce moyen pourrait être très-utile aux éleveurs de tous les pays qui sauront l'employer avec prudence et lui consacrer les nombreux soins qu'il exige.

Quelques plus amples détails à ce sujet ne seraient donc pas déplacés ici.

[1] Voy. chap. 1er, page 9.

Ce procédé, qui semble si bien réussir dans les Iles-Britanniques, est certainement peu connu et encore bien moins pratiqué en France ; chez nos voisins il n'a d'autre but, comme nous allons le voir, que d'obtenir des résultats pour la vente immédiate. Il consiste à donner un reproducteur bien constitué et choisi dans une race étrangère à la localité, à des femelles que l'on a sous la main, fussent-elles même pauvres et de peu de valeur, pourvu qu'elles soient saines et bien portantes. On ne change rien au régime alimentaire de ces bêtes ni pendant la durée de la gestation ni pendant l'allaitement du veau.

Arrivé au moment du sevrage le traitement du veau devient difficile et compliqué, ce qui nous engage à laisser la parole à M. Eugène Gayot, membre de la Société impériale et centrale d'agriculture de France, et qui vient de publier une étude très-intéressante sur le sujet qui nous occupe.

« Une fois sevré, dit M. Gayot, le métis anglais est copieusement et substantiellement nourri ; en tout on le traite comme un sujet d'espérance jusqu'au jour où l'on jugera convenable de le livrer au boucher, soit comme bœuf mûr, soit comme vache grasse, et l'on n'épargnera rien pour hâter le terme de la maturité qui devient le moment où la spéculation rembourse avec profit les larges avances qu'on n'a pas hésité à lui faire.

« La mère a été laissée à sa condition ; on n'a rien fait, on ne fera rien pour elle ; elle est appropriée aux circonstances locales, elle ne pourrait changer qu'avec ces circonstances ; or, celles-ci restant les mêmes, on ne songe point à modifier leur résultante nécessaire. Ou bien elle produira de nouveau avec un étalon de sa race, ou bien elle servira à un autre croisement dont le fruit aura la même destination que le premier-né.

« Dans ces conditions accentuées le métis n'est jamais employé à la reproduction et cette exclusion systématique est assurément fort bien entendue, très-judicieuse. Le régime qui a suivi le sevrage, abondant et riche, l'a mis en quelque sorte hors la loi, hors l'indigénat au moins ; que si on le replaçait dans la situation faite à la race entière, à sa mère, il dépérirait promptement. Ne pouvant se soutenir à l'égal de la population, acclimatée à la misère locale, il perdrait promptement tous les avantages artificiellement acquis [1], acheté à grands frais, et

---

[1] C'était, malheureusement, le sort d'une bonne partie des génisses achetées lors du concours régional à Colmar, en 1860.　　　(Note de l'auteur.)

constituerait un élevage ruineux au lieu d'une éducation profitable. A leur tour, ses produits ne trouveraient pas dans le régime ordinaire de la race les moyens de se développer en raison de leur force d'expansion, ils souffriraient et s'étioleraient, ils tomberaient vite au-dessous de l'indigénat. *C'est ainsi que les générations ultérieures se montrent inférieures à l'une et à l'autre des deux races croisées, suivant les leçons constantes de l'expérience* [1].

« On peut comprendre à présent pourquoi certains zootechniciens ont préconisé chez nous la méthode anglaise, c'est-à-dire la production des premiers métis voués par destination à la boucherie, à l'exclusion de toute autre carrière. Le moyen réussirait certainement en nos mains, autant qu'il réussit aux bons éleveurs de l'Angleterre et de l'Ecosse,

[1] Nous n'avons pas, personnellement, étudié les résultats obtenus en Alsace par le croisement des races chevalines et nous ne voulons, à cet égard, émettre aucune opinion péremptoire. Cependant les phénomènes physiologiques qui se présentent dans les races bovines doivent naturellement se représenter, à un degré plus ou moins sensible, dans toutes les espèces d'animaux domestiques. Or, un rapport très-lucide sur l'industrie chevaline du Haut-Rhin, présenté récemment à la Société d'agriculture départementale, par M. *Aug. Zundel*, secrétaire de la Société vétérinaire à Mulhouse, confirme les mêmes anomalies résultant du croisement des races chevalines comme celles que nous venons de signaler dans les races bovines. — » L'administration des haras, dit M. Zundel, a laissé, par ses stations, quelques traces dans le Haut-Rhin ; les croisements qu'elle a opérés ont produit souvent des formes distinguées, mais qui pèchent par l'harmonie des formes. La jument du pays et l'étalon du haras sont trop disparats pour donner un produit présentable ; ce produit prend souvent le corps volumineux de la mère et l'avant-train léger du père, qui paraît alors grêle ; c'est un mélange incohérent des caractères du père et de la mère, en un mot, un produit décousu. Dans les localités où l'administration des haras a le mieux produit, on peut lui reprocher d'avoir produit une foule de chevaux qui ne sont ni de luxe ni de travail, et qui souvent valent beaucoup moins que s'ils étaient de race tout-à-fait commune. Encore cette administration, en s'occupant très-peu du Haut-Rhin, en nous accordant, surtout les derniers temps, que des carossiers ou des chevaux de volume, n'a-t-elle pas formé chez nous ces chevaux légers, grêles de membres et décousus, manquant quelquefois de force pour les travaux soutenus, dont se plaignent, non sans raison, quelques agriculteurs du Bas-Rhin. Avec les bonnes juments, les haras ont produit d'assez bons chevaux mais l'on n'a pas modifié la race, conséquemment il n'y a pas eu le résultat proposé, quoique les tentatives aient duré plus de cinquante ans. »

mais, pour la plupart, nos éleveurs n'ont pas bien compris encore ce qu'on leur proposait d'une façon plus ou moins lucide. »

Ces paroles de M. Gayot expliquent les mécomptes éprouvés par un grand nombre de cultivateurs de notre province qui avaient fait venir de bien loin des étalons étrangers. Le premier métis, comme tout premier-né, a été soigné avec une attention extrême, les générations suivantes l'ont été moins et retombèrent finalement au-dessous des qualités que possédaient les animaux indigènes. Malheureusement, ces expériences exigent beaucoup de temps, bien des années et, quand au bout de nombreux sacrifices le découragement est survenu, d'autres éleveurs recommencent les mêmes essais, bien convaincus que le croisement, préconisé déjà par Buffon, est le moyen le plus sûr pour la régénération de nos animaux domestiques. Nous pourrions, à cet égard, citer bien des exploitations rurales du Haut-Rhin et du Bas-Rhin où l'on avait mis, d'abord, le dépérissement du bétail sur le compte de la négligence du vacher et où, finalement, on a renoncé à l'amélioration des bêtes bovines. Mais, écoutons encore M. Eugène Gayot :

« Dans l'opération conseillée et recommandée, l'écueil à éviter est celui-ci : ne pas faire naître de premier métis, très-exigeants, qui doivent avec le nécessaire recevoir un peu de superflu, pour ne les élever que dans des conditions de pauvreté et de misère dans lesquelles sont abandonnées les mères. C'est bien certainement ce qui arriverait neuf fois sur dix, et c'est aussi ce qui fait que, chez nous, *l'amélioration lente et progressive des races un peu inférieures des localités, sera toujours un moyen plus sûr d'arriver à de bons résultats.* »

En parlant de conditions de pauvreté et de misère, M. Gayot n'entend probablement pas parler de conditions qui permettent à peine de vivre aux animaux ; l'abondance des fourrages succulents n'existe pas dans toutes les contrées. En Alsace, nous avons certaines régions où les fourrages sont généralement aigres et peu nutritifs. Ce serait donc une véritable dérision que de croire qu'avec des ressources si restreintes, il suffirait de faire produire des métis pour obtenir des animaux gras.

« Chez nos voisins, on spécule, dit encore M. Gayot ; chez nous, il est beaucoup d'éleveurs qui connaissent à peine le mot et qui pratiquent l'élevage sans se rendre très-nettement compte de ce qui adviendra. On fait plus routinièrement de ce côté, et plus judicieusement de l'autre côté de la Manche ; c'est évident. Mais quand on donne des conseils aux gens, encore faut-il les approprier à leur nature. Nous dirions volontiers aux éleveurs des contrées pauvres où il n'y a que de chétifs bestiaux : faites des métis pour les engraisser, mais traitez-les en bêtes à l'engrais, ou sinon, non : il ne s'agit plus de tenter l'amélioration de la race locale par voie de croisement. Ce qu'on vous propose est une spéculation qui réussira et vous donnera des bénéfices si vous savez la mener à bien ; mais avant de commencer, sachez-le, c'est un engraissement que vous allez faire. Ayez la sagesse de ne l'entreprendre qu'avec toutes les ressources voulues [1]. »

M. Gayot est, assurément, homme compétent en pareille matière et nous sommes convaincu que ses conseils judicieux seront écoutés par nos éleveurs alsaciens. — Après cela, il nous reste à tirer une conclusion des lignes qui précèdent. Nous dirons donc qu'en somme, nous avons la conviction que l'importation des reproducteurs étrangers est impuissante à exercer une modification ou une transformation dans nos races bovines indigènes, quand même le mot de *race* serait applicable à cette immense variété de bêtes bovines que l'Alsace possède, variétés dont les catalogues des derniers concours régionaux donnent des preuves irrécusables. Néanmoins, nous conviendrons que le croisement peut présenter quelquefois des avantages réels quand il y a une grande analogie, non-seulement entre les climats mais encore entre les fourrages que produisent les deux contrées qui fournissent les sujets à accoupler. C'est ainsi que le croisement entre les *touraches* et les races suisses a pu produire de bons résultats, c'est ainsi encore que l'alliance entre les *Durhams* et les *Normandes* pourrait, à certaines conditions, être recommandée [2].

Le croisement, comme nous venons de le voir, peut encore avoir un avantage lorsqu'on dispose d'un fourrage abondant et d'excellente qualité ; dans ce cas il peut servir à obtenir des métis aptes à s'engraisser rapidement. Mais le croisement ne peut être, à coup sûr, que désas-

[1] Voy. *Journal d'agriculture pratique*, 5 novembre 1864.

[2] D'après une version populaire répandue en Angleterre, on aurait introduit, vers la fin du XVIIe siècle, un taureau et quelques vaches hollandaises dans la vallée de la Tees, où ces animaux auraient formé la famille originaire des Durhams. M. Villeroy pense, au contraire, que les Durhams ont plus d'analogie avec le bétail de la Normandie. C'est apparemment à cette analogie qu'il faut attribuer les succès obtenus par M. de Torcy, par le croisement qu'il a opéré entre ces deux races, tandis que le croisement entre les races normandes et suisses ne lui avait donné aucune satisfaction.

treux lorsqu'on amène, par exemple, dans les vignobles d'Alsace ou sur les bords caillouteux du Rhin des étalons de la Suisse ou de la Hollande septentrionale. Les vaches hollandaises, dit M. Villeroy, produisent beaucoup mais elles consomment aussi beaucoup et ce ne sont pas celles qui payent le mieux leur nourriture. Les vaches de Berne et de Fribourg sont d'une taille et d'une beauté remarquables, mais il s'en faut qu'elles soient les plus productives. » M. Villeroy pense donc qu'il serait préférable, en général, de chercher des sujets réunissant les qualités que l'on désire parmi celles qui sont habituées au régime alimentaire de la contrée. Là encore, nous partageons l'opinion de l'éminent agronome et, pour atteindre ce but, le moyen le plus simple et le plus économique serait certainement celui de choisir dans les races indigènes les reproducteurs les plus parfaits [1]. La consanguinité ne pourrait avoir aucune influence préjudiciable dans ce choix, car, comme l'a fort bien dit M. *Gourdon*, ces dangers s'effacent lorsque, par suite de branches nouvelles de la famille primitive, les individus, tout en étant de la même souche, n'offrent plus entre eux que des degrés éloignés de parenté.

Malheureusement, ce procédé, si facile en apparence, rencontre, en Alsace surtout, des obstacles ou plutôt des entraves administratives bien difficiles à surmonter et que nous signalerons dans le cours de ce travail.

---

[1] M. Zundel admet également que la sélection conviendrait le mieux dans le Haut-Rhin pour l'amélioration de la race chevaline, *mais*, dit-il, *comme les meilleurs étalons du pays sont mauvais, il faut appareiller avec une race similaire.* Or, *similaire* est le synonyme d'homogène et signifie ce qui est de la même nature. Dans ce cas, réellement, il ne vaut pas la peine de chercher dans des contrées lointaines des étalons plus ou moins semblables à ceux que nous possédons, surtout, s'il faut attribuer, comme le pense M. Zundel, l'infériorité de nos étalons indigènes aux soins insuffisants et aux fourrages parcimonieux que nos éleveurs leur accordent. *Telle alimentation*, ajoute M. Zundel, *tel cheval.* C'est aussi notre manière de voir et c'est pour cette raison que nous pensons, qu'en plaçant l'étalon alsacien dans un milieu plus favorable il s'améliorerait par lui-même et sans le concours d'une race similaire.

III.

SOMMAIRE : DES INFLUENCES CLIMATÉRIQUES. — LA FACULTÉ LACTIFÈRE ET LA RÉGION LAITIÈRE. — LE BÉTAIL HONGROIS ET LA BOUCHERIE PARISIENNE. — UN COUP-D'ŒIL RÉTROSPECTIF.

L'état du bétail dans une province ou dans une région est soumis à de nombreuses conditions qui ont toutes des influences si considérables sur l'économie animale qu'il est urgent de les étudier, ou du moins, de ne pas ignorer leur importance lorsqu'on veut agir avec discernement dans le choix des sujets destinés à la reproduction. Cette étude est également nécessaire pour guider le cultivateur et dans les différents procédés applicables à l'élevage et dans les précautions dont il faut entourer les animaux domestiques.

Parmi ces influences les principales sont le *climat*, la *température*, l'*altitude* des lieux, la production des *cultures fourragères*, la *fertilité* et la *configuration* du sol.

Toutes ces influences se manifestent incontestablement d'une manière très-sensible, surtout dans la constitution des races ruminantes. Chez les autres espèces, les effets climatériques influent également et puissamment sur l'organisation. Le changement du climat et du régime alimentaire amène donc de nouvelles habitudes et de nouveaux besoins, qui, à la longue, modifient considérablement tantôt le pelage, tantôt les formes et souvent même la charpente osseuse de l'animal. C'est ainsi que, sur les Hautes-Alpes, le pelage du lièvre devient blanc comme la neige sous laquelle il cherche sa frugale nourriture; c'est ainsi encore que les ailes de certains oiseaux domestiques diminuent de force et de poids et deviennent souvent incapables de s'élever à une faible hauteur, tandis que les congénères sauvages traversent facilement les régions très-élevées de l'atmosphère. Les bêtes bovines qui jouissent de leur liberté, présentent à leur tour, des caractères généraux qui disparaissent chez l'animal retenu à une stabulation permanente. La vache qui paît librement sur les montagnes diffère de celle qui habite la plaine : la contrée montagneuse affecte inévitablement sa forme et ses dimensions postérieures en les exerçant davantage et agit même, selon la science zootechnique, sur le bassin et par suite d'une manière indirecte sur la tête de l'embryon dans l'utérus. Ces considérations nous portent donc à croire que la différence des races bovines est, en grande partie, le résultat des influences locales.

Il est certain que, lorsqu'une végétation luxuriante recouvre un terrain humide et fertile, le bétail prendra des proportions analogues, c'est-à-dire, volumineuses, et deviendra, par suite de cette circonstance, très-propre à alimenter la boucherie. L'abondance des fourrages n'est pas, toutefois, comme on le croit communément, la condition essentielle des qualités lactifères ; d'autres conditions, dont nous parlerons tout à l'heure, sont tout aussi indispensables. Nous nous bornons, pour le moment, à faire remarquer qu'une végétation puissante peut être la condition première pour obtenir de grands animaux, mais qu'un sol moins fertile produira, par contre, des sujets d'une constitution plus fine, plus légère et généralement très-utiles comme animaux de trait.

L'altitude et la configuration du sol exercent également une grande influence sur l'organisme animal. Sur les montagnes, où les bêtes à cornes sont obligées de gravir des chemins escarpés et rocheux, les races seront toujours plus petites mais plus robustes que celles qui trouvent un fourrage abondant sur les gras pâturages des vallées et des plaines. C'est surtout dans les contrées où l'on obtient l'abondance des fourrages, à l'aide d'irrigations souvent trop fréquentes, que le bétail portera l'empreinte de la nourriture grossière qu'il consomme : son poil sera long, sa peau épaisse et sa charpente osseuse, lourde et massive.

Les conséquences de la nourriture, de sa quantité et de sa qualité, sont, du reste, reconnues aujourd'hui par tous les zootechniciens. Ils admettent tous que les aptitudes et la conformation des animaux se développent en proportion des cultures ou des ressources fourragères dont on dispose, ce qui a fait dire à M. Lecouteux que « *l'aptitude fourragère* du sol, régit en grande partie le choix du bétail et doit être prise en sérieuse considération avant de substituer aux races locales d'autres races habituées à un régime qu'il n'est pas toujours possible de leur procurer. »

Mais, à part les influences que nous venons d'énumérer et que personne ne contestera, il y a encore une autre influence qui, selon nous, domine toutes les autres et dont l'importance semble échapper au plus grand nombre des auteurs que nous avons consultés à ce sujet. Cette influence, c'est l'action exercée par la température, c'est-à-dire, par les degrés de la chaleur et du froid, de la sécheresse et de l'humidité qui règnent, en moyenne, dans une contrée. En Zootechnie on attribue l'aptitude laitière par exemple, tantôt aux qualités de la race, et tantôt encore au développement et à l'activité des glandes mammaires, dont la transmission héréditaire dépendrait à la fois des reproducteurs mâles et femelles. « Nous n'avons pas encore le secret, dit M. Sanson, de faire naître sûrement l'aptitude laitière par les moyens hygiéniques. » — Ce secret, nous allons le dévoiler, en grande partie du moins, sous les yeux de M. Sanson.

Ce ne sont pas, bien certainement, des moyens hygiéniques qui feront naître cette aptitude, si d'avance elle n'est pas innée dans l'animal. Or, cette aptitude, développée au point qu'elle puisse entrer en ligne de compte dans la spéculation économique d'une exploitation rurale, est *exclusivement* le privilège des régions tempérées, et dépend, par conséquent, des influences atmosphériques ou, autrement dit, de la température.

En effet, la lactation abondante des vaches est réservée, d'une part, aux races de la Hollande, de l'Angleterre, de la Belgique, des départements du Nord et de l'Est de la France et, d'autre part, au bétail de la Suisse, et de l'Allemagne occidentale et centrale. Nous croyons donc ne pas commettre une erreur, en attribuant ce privilège aux vapeurs d'eau contenues en assez grande quantité dans l'air de ces régions et auxquelles il faut évidemment rapporter, non seulement les aptitudes et le développement rapide des animaux domestiques, mais aussi le grand développement des plantes fourragères.

Ce serait donc, assurément, un travail à la fois très-utile et très-intéressant que celui qui indiquerait d'une manière plus ou moins précise la ligne que parcourt en Europe la *région laitière*, si toutefois nous pouvons nous servir de cette expression pour indiquer les limites qui renferment les races bovines dont les aptitudes lactifères sont le plus développées.

Le point de départ de cette région ou de cette ligne nous semble du reste être indiqué par M. Dehérain, qui vient de publier, dans son annuaire scientifique de 1865, un excellent travail à propos des bœufs Durham.

« Le triangle qui forme le comté de Durham, dit M. Dehérain, s'appuie par son sommet sur la crête montagneuse qui traverse le nord de l'Angleterre, presque du nord au sud ; des Moorlands, le comté

s'élargit , vers la mer du Nord , en des plaines basses , humides , marécageuses , semblables à celles que forment les côtes de la Belgique , de
la Hollande et qui, s'entr'ouvrant pour donner passage à l'Elbe , se
continuent le long du Holstein et du Jutland. »

« Confinant au nord avec le comté de New-Castle , riche en mines de
houille , le comté de Durham est séparé , au sud du Yorskshire , par
la rivière de la Tees, dont la vallée sablonneuse présente un sol léger
et friable particulièrement propre à la culture des racines. »

« Par son voisinage de la mer , le comté de Durham appartient donc
à cette grande région si importante au point de vue zootechnique, qu'on
peut désigner sous le nom de région de la mer du Nord. Le grand
réservoir humide qui en forme le centre maintient sur toutes ces côtes
une température à peu près constante ; l'été n'a pas de sécheresse ;
de gros nuages lourds se fondent à chaque instant en longues averses
qui rayent le ciel à l'horizon; l'hiver n'a pas de rigueurs ; la température estivale variant de 15 à 20° ne tombe guère au-dessous de zéro
pendant la mauvaise saison ; cette région possède donc le climat marin,
le climat constant par excellence , et la terre , toujours humectée , s'y
couvre d'une verdure toujours fraîche qui appelle forcément le bétail. »

« Les races qui habitent ces régions marécageuses conquises sur la
mer et qu'il faut défendre contre elle par des digues , présentent , en
Hollande , en Danemark ou en Angleterre , des caractères analogues ;
grandes , molles , à forte ossature , elles ont toujours eu *une aptitude
particulière à la production du lait.*

Cette aptitude particulière faut-il maintenant l'attribuer à l'hérédité ,
c'est-à-dire aux facultés lactifères transmises de générations en générations
comme le pense M. Sanson , ou bien à ce milieu ambiant si favorable à
la sécrétion du lait? — Dans le premier cas le croisement, dont
M. Sanson est l'un des adversaires les plus vigoureux et les plus éclairés,
serait , à coup sûr , à la fois le moyen le plus simple et le plus sûr pour
transmettre la faculté laiteuses à d'autres races qui en sont, plus ou
moins , dépourvues.

M. Sanson ne commettra pas cette inconséquence, d'autant moins qu'il
n'aura qu'à jeter un coup-d'œil rapide sur la carte d'Europe, et à suivre
la ligne qui dessine les côtes de l'Ecosse , baignées par la mer du Nord;
il suivra ensuite les mêmes côtes de l'Angleterre et passera la mer
pour débarquer à la Haye d'où il remontera le cours du Rhin jusqu'en
Suisse. Il aura ainsi suivi sur cette grande partie du Globe la petite

ligne qui forme le centre des races bovines laitières et dont les aptitudes spéciales vont en diminuant au fur et à mesure qu'elles s'éloignent de la ligne que nous venons d'indiquer.

En effet, vers les régions Sud-Est et Sud-Ouest de la France la production du lait devient de plus en plus insignifiante. Vers les bords de la Méditerrannée la population bovine même diminue et finit par devenir presque nulle. Sur quelques points de ces régions, c'est le défaut de fourrage qui permet à peine de vivre aux rares bœufs de travail auxquels on présente souvent la nourriture bouchée par bouchée. Sur d'autres points et surtout dans les contrées marécageuses et peu cultivées des Bouches-du-Rhône, la race dite Camargue, forme des troupeaux demi-sauvages qui sont dirigés par des pâtres à cheval et où le trayage des vaches semble être complètement ignoré [1].

En somme, plus on s'éloigne des régions tempérées et humides, plus la lactation des vaches diminue. Les populations méridionales de la France ne connaissent guère les ressources que le lait et le beurre présentent aux populations des départements se rapprochant du Nord et de l'Est. D'une part, c'est l'huile qui leur remplace le beurre et de l'autre, c'est la graisse.

En établissant maintenant, au sud de la ligne que nous venons de

---

[1] Voici une description curieuse, que nous empruntons à M. le marquis de Dampierre et qui est relative à l'entretien des races bovines qui couvrent la partie de la France, comprise entre l'Océan, les frontières d'Espagne et le cours de la Garonne et de la Baisse. « Le bétail des Landes, par exemple, dit M. de Dampierre, n'a guère pour se nourrir, que l'herbe rare et dure qu'il pâture. Pendant l'hiver, seulement, on donne aux animaux qui travaillent un peu de foin, aux autres de la paille de blé ou de maïs. Dans un grand nombre de métairies, les bœufs sont nourris à la main. Plusieurs guichets sont pratiqués dans le mur de la pièce de la maison qui donne sur la cour entourée d'abris et de barrières où le bétail vit toujours en liberté ; c'est par ces guichets que toutes les personnes de la maison, à tour de rôle, présentent, bouchée par bouchée, la nourriture aux animaux, et Dieu sait l'industrieuse économie qui préside à la formation de chaque bouchée, qu'on introduit avec soin jusqu'au fond du gosier de l'animal qui ne peut ainsi la rejeter : on le tente par la vue d'une feuille de maïs encore verte, de quelque brin d'un foin appétissant ou d'un morceau de navet ; mais ces apparences sont trompeuses, et la pauvre bête n'avale qu'une paille bien sèche qui fut restée intacte dans son ratelier, ou lui eût servi de litière sans la supercherie de ses gardiens. »

tracer sur la carte d'Europe, sous la dénomination de *région laitière*, une autre ligne presque perpendiculaire à la première, la seconde traversera l'Espagne, la Méditerranée, l'Italie, la mer Adriatique, la Hongrie et ira se perdre vers la Podolie. Or, sur toute cette ligne, à partir de l'Océan jusqu'à la mer Noire, le bétail n'a point de qualité lactifère et les mères refusent, au bout de peu de temps, les mamelles aux veaux qui s'habituent à paître presqu'en naissant.

On avait longtemps supposé que ce manque de lait provenait de ce que, dans ces contrées, la consommation de ce liquide n'était pas en usage et qu'on négligeait, en conséquence l'activité des mamelles. Pour vérifier le fait, on fit amener, dans l'un des domaines du roi de Wurtemberg, un petit nombre de vaches hongroises qui furent soumises à une traite régulière ; mais des expériences faites en ce sens, dit M. *de Weckherlin*, ancien directeur de l'Institut agronomique de Hohenheim [1], et continuées jusqu'à la troisième génération n'ont produit qu'une augmentation insignifiante [2].

En parlant des influences extérieures qui agissent sur l'organisme animal, nous ne saurions passer sous silence, les effets qui proviennent souvent des variations qui s'opèrent par fois subitement dans l'atmosphère. Ces transitions brusques deviennent quelquefois très-funestes pour l'état sanitaire des animaux et presque toujours préjudiciables au rendement des vaches laitières. Lorsqu'en été, par exemple, la chaleur monte rapidement à des degrés bien élevés, la lactation diminue sensiblement chez les bêtes bovines quelle que soit, d'ailleurs, l'abondance des fourrages qu'on est à même de leur offrir.

La sécrétion du lait diminue de même en automne, quand les premiers froids surviennent immédiatement après une température douce ou moyenne. Les bêtes retenues à une stabulation permanente, c'est-à-dire, celles qui ne quittent pas l'étable pendant toute la durée de l'année, sont cependant moins sujettes à ces transitions subites que celles mises au régime du pâturage, à condition, toutefois, que les étables soient organisées de manière à conserver une température égale.

[1] Voy. *Traités des bêtes bovines*, pag 67, vol. 1.

[2] D'après ces expérimentations on pourrait conclure que la faculté lactaire est réellement le résultat d'une aptitude héréditaire. Nous ne saurions admettre cette conclusion ; ce n'est pas, assurément, dans une seconde ou troisième génération que les aptitudes formées par des siècles peuvent changer de nature, surtout, quand on considère les effets pernicieux de l'atavisme.

Si l'alternative de la chaleur et du froid est préjudiciable aux animaux de rente, les changements fréquents du beau temps et de la pluie ne leur sont pas moins désavantageux : c'est surtout dans les années de pluies abondantes et continues, qu'une végétation aqueuse devient souvent désastreuse pour les animaux dont les détenteurs ne sont pas suffisamment pourvus de fourrages pour les retenir à l'étable. Dans ces cas, ce ne sont, non-seulement les herbages mouillés qui produisent toutes sortes de dangers, mais l'air même sert souvent de véhicule à des quantités de miasmes qui deviennent la source de nombreuses maladies épizootiques.

Toutefois, les contrées tempérées sont moins exposées à ces influences dangeureuses que cette immense région sur laquelle nous avons déjà appelé l'attention du lecteur et qui s'étend de l'Espagne, vers la Hongrie et la Podolie.

Jusqu'à présent, le bétail de la Hongrie et de la Podolie n'a pas grandement provoqué les recherches zoologiques et phisiologiques de la part des écrivains français qui ont traité le sujet qui nous occupe. M. Sanson, dans son important travail sur les races bovines, faisant partie du *livre de la ferme* [1], déclare également qu'il n'avait pas l'intention de passer en revue ni les races allemandes ni celles de la Hongrie qui, dit-il, n'offriraient qu'un intérêt de curiosité. Contrairement à M. A. Sanson, nous pensons qu'un coup-d'œil rapide accordé à ces races lointaines serait, à l'heure qu'il est, d'un intérêt sérieux, d'autant plus, qu'à l'aide de la vitesse merveilleuse que nous

---

[1] *Le livre de la ferme*, qui vient d'être publié sous la direction de M. *P. Joigneaux*, mérite à tous égards les éloges que les organes les plus importants de la Presse française en ont fait. Qu'il nous soit donc permis de le recommander ici, à notre tour et spécialement aux agriculteurs de notre province, qui y trouveraient les renseignements les plus précieux et les plus développés sur toutes les branches, sans exception, qui constituent la science si compliquée de l'exploitation raisonnée de la propriété rurale. — Les études que nous publions ici étaient en grande partie écrites quand le *livre de la ferme* nous apportait les travaux de l'un de ses nombreux collaborateurs, *M. A. Sanson*, bien connu par la haute valeur de ses écrits, soit comme attaché à l'école vétérinaire de Toulouse, soit comme rédacteur en chef du journal la *Culture*. Nous n'avons donc qu'à nous féliciter sur les opinions que nous avons émises jusqu'à présent à propos du *croisement* et de la *sélection* et qui concordent entièrement avec les principes formulés par l'éminent zootechnicien.

avons obtenue aujourd'hui par la vapeur, le bétail de ces contrées est destiné, non-seulement à alimenter les grands marchés de l'Allemagne, mais aussi ceux de la France. C'est donc, à ce titre, que nous croyons utile de nous y arrêter un moment.

Les signes principalement caractéristiques du bétail en question consistent en un pelage gris argenté et dans des cornes fines d'une longueur extrême. D'après des documents officiels, une vache ne donne en moyenne et par an, que 500 litres de lait au plus [1]. La production de ce liquide et les différentes industries qui s'y rattachent ne peuvent donc pas être mises en ligne de compte dans les régions que nous venons d'indiquer et où les nombreux troupeaux passent presque toute leur vie en plein air, pâturant librement sur des étendues immenses une herbe souvent chétive et malsaine.

On se fera donc facilement une idée des diverses influences que doivent exercer les variations fréquentes de l'air dans des pays comme ceux dont nous parlons et où de vastes terrains sont restés incultes et souvent inondés d'eaux croupissantes. A la suite des grandes pluies comme des grandes chaleurs l'air y est chargé, d'une part, d'une quantité considérable de détritus organiques dont on connaît les effets terribles sur l'économie animale, et de l'autre, il fourmille d'insectes microscopiques et innombrables en même temps que le sol se recouvre de toutes sortes de reptiles à dimensions infiniment variables.

Il n'est donc aucunément surprenant que ces troupeaux, qui, de tout temps, ont été entretenus par les habitants principalement pour alimenter leur commerce avec l'Autriche, avec l'Allemagne et avec l'Italie, aient amené dans ces pays des maladies épidémiques qui se propagèrent souvent avec une rapidité effrayante.

C'est ainsi, pour ne citer qu'un exemple, que vers la fin du siècle dernier il régna dans la Hongrie une de ces épizooties qui s'étendit en peu de temps vers les pays que nous venons de désigner. L'hiver de l'année, dans laquelle la maladie contagieuse s'était déclarée, a été très-froid et le printemps très-pluvieux, tandis que pendant l'été la chaleur avait été excessive. On vit alors, sur ces vastes steppes, un nombre prodigieux d'insectes et de reptiles dont les morsures causèrent des enflures qui se communiquèrent rapidement à tout le corps de l'animal.

---

[1] En Alsace, la moyenne annuelle est de 1,500 à 2,500 litres, selon *l'aptitude fourragère* de la contrée.

Un docteur autrichien, qui avait suivi toutes les phases de l'épizootie
publia à ce sujet des observations très-intéressantes faites à l'aide
du microscope. La constitution de l'air, disait-il, et la qualité des
aliments sont incontestablement les causes de toute maladie épidémique
qui affectent si cruellement les animaux. Les animaux respirent l'air
comme nous, ils doivent par conséquent être affectés également des
imtempéries sans pouvoir prendre les précautions auxquelles l'homme
a recours en pareilles circonstances. Suivant le docteur allemand, l'air
serait le véhicule de toutes les émanations putrides et porterait rapidement, bien au loin, le venin contagieux.

Malheureusement, la science n'a pu découvrir jusqu'aujourd'hui
aucun remède efficace contre ces fléaux épizootiques, qui viennent le
plus souvent de la Hongrie et de la Tartarie s'abattre quelquefois
jusqu'au cœur de l'Europe. En Alsace également ils viennent de temps
à autre, surtout pendant les années où l'eau du ciel tombe en abondance, exiger quelques victimes que nous ne saurions mieux défendre
ou préserver d'une mort certaine que par la propreté des étables, par
des breuvages fortifiants, par une nourriture saine et enfin par l'observation constante des diverses influences dont nous venons de décrire
les caractères généraux.

Si nous avons insisté dans ce chapitre, et peut-être trop longuement,
à faire ressortir les conséquences des actions climatériques et à rechercher des preuves jusque dans des pays si éloignés, c'est parce que, à
l'heure qu'il est, les distances disparaissent et que les pays se rapprochent les uns des autres à l'aide des voies ferrées, et enfin parce que
les contrées que nos populations ne connaissaient autrefois que de nom,
deviennent aujourd'hui, pour ainsi dire, ses greniers d'abondance.

En effet, la consommation toujours croissante des viandes de boucherie et le manque d'un bétail suffisant a, depuis quelque temps, forcé
le commerce français de chercher à l'étranger les approvisionnements
nécessaires à ses besoins journaliers.

On sait qu'une partie de ces approvisionnements devra, selon la
spéculation du commerce français, précisément se faire sur les marchés
de *Pesth* et de *Raab*, qui sont alimentés, en grande partie, par le bétail
de la Hongrie. Ces marchés offriraient actuellement les bestiaux aux
prix les plus avantageux à la boucherie parisienne et une vaste organisation, dit-on, est sur le point de se former entre les administrateurs
des chemins de fer d'outre-Rhin et nos négociants de la capitale.

On a prévu , toutefois , que ces animaux , transportés avec la grande vitesse de la vapeur , seraient exposés à contracter des maladies sur le long trajet qu'ils auraient à parcourir. Pour obvier aux dangers résultant de cette circonstance, on aurait non-seulement loué , sur différentes stations, des pâturages dans lesquels on laisserait reposer principalement la race ovine, mais on aurait encore pris des mesures pour mettre les marchés et les abattoirs de Paris en communication avec le chemin de fer de ceinture par des embranchements, de sorte que des abattoirs les viandes pourraient être expédiées très-promptement sur les diverses gares du périmètre. D'un autre côté, on a calculé que les animaux de la *Servie* , de la *Hongrie* et du *Bas-Danube* , une fois rendus à Vienne , pourront arriver de ce dernier point aux étables de la Vilette sans un seul débordement dans l'espace de soixante-douze heures.

En effet , au moment même où nous écrivons ces lignes , nous apprenons par la voie des journaux que les marchés de Poissy et de Sceaux seront supprimés et remplacés par un marché unique et général dont les travaux souterrains sont déjà terminés. Relié, pour ainsi dire , à tout le réseau des chemins de fer du continent, ce marché aura une immense clôture avec une grande grille sur la *route d'Allemagne.*

On le voit, le bétail de l'Allemagne, et des immenses steppes des bords de la mer Noire, présente aujourd'hui un intérêt plus sérieux que celui de la curiosité ; cet intérêt grandit encore quand on jette un coup-d'œil rétrospectif sur les immenses progrès du siècle et que l'on considère à la fois la grande diversité des produits de la terre : le Nord avec ses cultures plantureuses, l'Orient avec ses nombreux troupeaux demi-sauvages, le Sud avec ses vins, ses soies, ses fruits. Ne faut-il pas en conclure que cette diversité forcera tôt ou tard les hommes à étendre de plus en plus les relations internationales et à former une seule et grande famille, dont les conditions impérieuses d'existence seront l'échange libre des produits de la terre ? C'est , en effet , vers ce but , nous l'avons déjà dit ailleurs [1] , que l'Europe, ou plutôt toutes les parties du monde, semblent se mouvoir ; mouvement qui devient d'autant plus apparent que l'on compare le temps actuel aux époques antérieures où des barrières , élevées par les nombreuses exigences fiscales , séparaient les provinces des provinces , les fiefs des fiefs , les majorats des majorats, produisant ainsi des disettes locales et plongeant des populations dans la misère , tandis qu'un peu plus loin on retrouvait l'abondance.

[1] Mémoire primé par la Société des sciences , agriculture et arts de Strasbourg.

A une autre époque, bien moins reculée, nous retrouvons cet autre système, celui de la protection. Qui ne se souvient pas des tristes paroles prononcées par un maréchal de France devant une illustre assemblée législative, et qui exprimaient l'étrange préférence de voir plutôt cent mille cosaques que cinquante mille têtes de gros bétail franchir les frontières de la France.

Ce sont là les considérations qui nous ont engagé à nous arrêter, pendant un moment, au bétail des steppes. Si nous avons signalé les dangers auxquels la France s'expose par l'importation d'animaux si rudement élevés, et dont l'état sanitaire est si souvent affecté par les influences climatériques, il faut néanmoins espérer, d'un autre côté, qu'un commerce plus lucratif provoquera, à la suite des années, des soins mieux entendus de la part des détenteurs; d'autant plus que, d'après les renseignements que nous avons été à même de recueillir, les animaux de ces contrées ont une aptitude très-prononcée à prendre de la chair et de la graisse, dès le moment qu'on les met à un régime alimentaire supérieur au régime précédent.

Ajoutons, toutefois, que les spéculations commerciales dont nous venons de parler ne semblent être bien réalisables que dans un avenir plus ou moins rapproché, et qu'avec un perfectionnement plus grand encore dans nos moyens de transport. Nous apprenons, en effet, qu'en 1863, après une sécheresse longtemps prolongée, une disette complète de fourrages avait régné en Hongrie, au point que des brebis y ont été vendues au prix de 1 fr. 50 c. et des bœufs à 40 fr. ; et que, malgré ces prix si minimes, les frais de transport de ces animaux jusqu'en France, auraient encore excédé le bénéfice qu'on pouvait espérer.

IV.

SOMMAIRE : UN MOT SUR L'ORIGINE DES ESPÈCES ET DES RACES. — DE L'INFLUENCE DE L'HOMME SUR LES MODIFICATIONS SUCCESSIVES DES ANIMAUX DOMESTIQUES. — LA SÉLECTION NATURELLE.

Dans le chapitre précédent nous avons émis l'opinion que la différence qui caractérise les diverses races bovines est, en grande partie, le résultat des influences que nous avons énumérées. Cette opinion nous a attiré, de la part d'un certain nombre de nos éleveurs, avides d'étudier à fond la question qui nous occupe, le reproche de ne pas remonter aux sources primitives et de ne tenir aucun compte des types originaires des races.

Quelques lignes seront suffisantes pour expliquer, d'une part, les raisons qui nous ont engagé à ne pas quitter, dans ce travail, le point de vue de l'agriculture où nous nous sommes placés, et de l'autre, pour démontrer la confusion qui existe chez les différents auteurs qui ont traité le sujet des types primitifs.

D'après la classification zoologique établie dans l'histoire naturelle, l'espèce bovine dont il est ici question, appartient au huitième ordre des mamifères connus sous la dénomination de ruminants; elle fait partie du genre *Bos* qui comprend les espèces suivantes : Le Zébu (B. *indicus*), le Buffle (B. *bubalus*), l'Aurochs (B. *urus*), le Bison (B. *americanus*), l'Yack ou Bœuf grognant (B. *grunnicus*) et enfin notre Bœuf commun ou domestique (B. *taurus*).

Dans cette dernière espèce, le mâle, selon son âge, est nommé veau, taurillon, taureau ; s'il a subi la castration il devient bouvillon puis bœuf. La femelle reçoit successivement les noms de vêle, génisse, vache.

L'aurochs ou l'urus était autrefois commun dans toute l'Europe mais n'existe plus maintenant que dans quelques forêts de la Lithuanie. C'est l'aurochs qui doit avoir donné son nom au canton d'Uri dont le blason représente une tête d'urus. Il fut considéré pendant longtemps comme la souche sauvage de notre bœuf commun, des recherches ultérieures ont prouvé qu'il n'en est pas ainsi. En dernier lieu, on a proposé de regarder plutôt le zébu comme souche primitive.

Nous n'avons à émettre aucune opinion à propos de ces conjectures, nous nous bornons à les constater.

Le bœuf domestique, quelle que soit son origine, a été classé en différentes races. Cette classification a donné également lieu à des controverses très-ardentes.

Voici quelques-unes de ces classifications : M. Aug. de Weckherlin propose comme races originaires auxquelles on pourrait ramener toutes les races, souches et variétés qui intéressent l'agriculture : 1° le bétail indigène gris du sud-ouest de l'Europe; 2° le bétail indigène rouge du nord-est; 3° le grand bétail pie noir des pays du littoral de la mer du Nord ; 4° le grand bétail pie rouge et noir ou rouge de la Suisse et du Tyrol ; 5° le bétail brun noirâtre du voisinage de la Suisse.

Ces cinq races principales ou primitives sont déduites par M. de Weckherlin des six races que M. de Papst avait d'abord proposées. A son tour M. le Dr Georges Mai, professeur à l'école royale et centrale d'agriculture de Bavière, déduit deux races des cinq présentées par M. de Weckherlin, de manière qu'il lui reste trois races primitives : celle de l'Europe orientale, celle de l'Europe occidentale et enfin celle de l'Europe centrale.

Mais de ces trois races il n'en resterait plus que deux, suivant l'opinion de M. Villeroy. Ce seraient 1° la race de la plaine ou hollandaise, qui aurait peuplé primitivement les riches pâturages des bords de la mer du Nord, depuis la Hollande jusqu'au Danemarck et qui serait également la souche des races allemandes, normandes et anglaises. La deuxième race serait celle des montagnes ou de la Suisse, qui, des Alpes, comme point central, s'étendrait tout autour dans un vaste rayon. Ce serait à cette souche qu'appartiendraient les bêtes bovines du Jura et des Vosges françaises, du bassin du Rhin jusqu'à Mannheim, du duché de Bade, du Wurtemberg, de la Bavière, de l'Autriche, de l'Italie et de toutes les provinces allemandes qui avoisinent la Suisse.

Ce qui nous frappe dans la classification de M. Villeroy, c'est qu'il admet précisément, comme berceau des races bovines, les deux extrémités de la ligne que nous avons indiquée plus haut sous la dénomination de *région laitière*. Toutefois, nous sommes bien loin de penser avec l'éminent agronome qu'il faudrait y rapporter toutes les nuances qui caractérisent la grande diversité des races comme émanant des bêtes bovines qui peuplent la région en question. Ajoutons encore que M. Villeroy, dans sa classification, ne fait nullement mention des qualités lactifères, et qu'il appuie ses arguments, tout simplement, sur l'altitude des pays respectifs.

Enfin, d'autres auteurs, comme Thær et Sturm, avaient également divisés les races d'après les différentes altitudes des régions, tandis que le chevalier de Schreibers émet l'opinion que les altitudes ne peuvent nullement conduire à une classification des races vu qu'il est rigoureusement impossible de se faire une idée des races uniquement selon les hauteurs qu'elles occupent.

Nous sommes très-disposés à partager cette opinion. En effet, il est impossible de se faire une idée exacte des races suisses, par exemple, sous la simple désignation de *races des montagnes*. Les bœufs gigantesques avec lesquels des éleveurs suisses voyageaient autrefois pour les montrer comme curiosité, appartenaient généralement au canton Schwitz [1], tandis que, par contre, la race d'Argovie est petite et trapue. Les mêmes différences existent, du reste, entre les races des cantons Zug, Unterwalden, Lucerne, Zurich, Appenzell, etc.

Quand on signale *les races* suisses, on comprend plus communément qu'il est question d'animaux, élevés avec soin par des populations qui n'ont souvent, pour unique ressource, que l'industrie fromagère, qui ont à leur disposition des fourrages de bonne qualité, qui ne cherchent point d'étalons au-dehors, et enfin qui sont à même de pratiquer l'élevage du bétail. Ce sont là des conditions qui ne se retrouvent pas dans toutes les contrées et qui sont, à part les influences climatériques, d'une nécessité impérieuse pour maintenir la stabilité, la fixité, ou, comme on dit en zootechnie, la *constance* dans les races.

Il en est également ainsi pour les races bovines hollandaises et, en général, de toutes celles du littoral de la mer du Nord. En Hollande comme en Suisse, les prairies occupent d'immenses étendues, et la culture des céréales, peu avancée ou peu pratiquée, est remplacée par la production du lait et des viandes. L'élevage, l'amélioration et l'entretien des races y fixent, par conséquent, toute l'attention des populations, et néanmoins les races varient également sur tout le littoral hollandais, selon le milieu ambiant ou selon les *aptitudes fourragères :* dans telle localité le bétail a les jambes hautes, la tête longue et étroite, les cornes courtes, les épaules maigres, le garrot étroit, etc., tandis que dans des contrées voisines, il a le corps profond, arrondi, une croupe pleine et droite, les côtes bien rondes, en un mot il possède une conformation qui se rapproche des formes aujourd'hui tant recommandées par les zootechniciens.

[1] Vers la fin du siècle dernier les expositions d'animaux gras étaient ambulantes et formaient des entreprises privées. C'est ainsi qu'en 1796 Ch. Colling vendit un taureau, pesant 1375 kilogr., au prix de 3,500 fr. L'acheteur, nommé Bulmer, fit construire une voiture et promena son bœuf en Angleterre. Après cinq semaines de voyages il revendit l'animal et le charriot à John Day pour 6,250 fr. Le jour même de cette vente on offrit au nouvel acheteur 13,125 fr. ; un mois après, l'offre monta à 25,000 fr. et un peu plus tard jusqu'à 50,000 fr. Pendant six ans le bœuf fut promené à travers l'Angleterre et l'Ecosse, et lorsqu'il fut abattu, après deux mois de maladie et âgé de onze ans, il pesait plus de 1,700 kilogr.
(Voy. *Annuaire scientifique*, 1865.)

Néanmoins, l'établissement d'une bonne classification semble également nécessaire à M. Sanson pour distinguer le bétail de *chaque contrée de l'Europe* et pour le décrire dans l'ordre de son propre perfectionnement. Remarquons cependant, en passant, que pour l'honorable zootechnicien comme pour un grand nombre de savants Parisiens, l'Europe semble commencer dans un certain rayon de Paris et s'étendre jusqu'aux Iles-Britanniques. Par suite de cette particularité toutes les races de la confédération germanique se réduisent, pour M. Sanson, à peu près à celle *du Glane*, dont nous sommes, du reste, loin de contester les estimables qualités.

Cette particularité, toutefois, semble avoir eu sa part d'influence dans la classification des races considérée comme la plus rationelle par M. A. Sanson. Pour lui, la seule distinction logique serait la classification qui s'appuierait moins sur le caractère des races que sur leur destination économique. Cela le conduit à admettre trois classes pour *l'espèce entière* comprenant l'une, *les races propres au travail*, l'autre, *les races de boucherie*, la troisième, *les races laitières*.

Nous dirons, avec Bernardin de Saint-Pierre, que c'est là éluder avec adresse la difficulté plutôt que la résoudre. Les aptitudes sont les conséquences de la constitution, du tempérament, des facultés instinctives de l'animal, mais elles ne sont pas l'origine des caractères génériques ou spécifiques des races qui seuls doivent nous préoccuper dans leur classification.

Nous ne trouvons donc jusque là, qu'une confusion regrettable dans les diverses opinions émises par les hommes les plus compétents en matières zoologiques. Les uns sont à la recherche de l'origine des espèces, les autres recherchent les variétés. Les uns font dériver notre bœuf domestique ou du zébu ou de l'aurochs ou du buffle, et les autres font dériver la diversité des races d'une seule ou de deux ou de plusieurs races primitives.

Or on ne compte en Europe pas moins de quatre-vingts à quatre-vingt-dix races de gros bétail sans comprendre dans ce nombre les variétés intermédiaires auxquelles on ne reconnaît pas, comme aux premières, la faculté de transmettre aux générations descendantes le type, le pelage et les aptitudes respectives. Toutes ces races viennent d'être décrites minutieusement par M. le Dr Georges May, dans un gros volume renfermant près de 600 pages et illustré d'un grand nombre d'aquarelles dont l'exécution ne laisse rien à désirer [1].

Au reste, depuis un grand nombre d'années, la science fait de nombreux et généreux efforts pour obtenir quelques faibles lumières sur l'origine des êtres organisés « ce mystère des mystères » suivant l'expression de l'illustre Humbold. Vers la fin du siècle dernier déjà, S. B. Lamarck, dans ses laborieuses études des sciences naturelles, était arrivé à cette conclusion, que les circonstances, en devenant très-différentes, doivent nécessairement modifier, avec le temps, la forme et l'organisation des animaux. Selon le célèbre naturaliste, tout changement un peu considérable et longtemps maintenu dans les conditions physiques et physiologiques amènerait pour les animaux un changement correspondant dans leurs besoins. Si ces nouveaux besoins deviennent constants et très-durables, ils se changeraient en nouvelles habitudes desquelles il résulterait, soit l'emploi de nouvelles parties qui naissent et qui grandissent par une suite d'efforts pour répondre aux exigences des nouveaux besoins, soit l'usage plus fréquent et, par suite, l'accroissement plus considérable de tel organe, soit encore le défaut d'exercice de tel autre devenu inutile et condamné par son inactivité à une atrophie plus ou moins complète. Les changements ainsi acquis se transmettraient donc aux générations ultérieures chez lesquelles ils s'immobiliseraient jusqu'au moment où de nouvelles circonstances produiraient de nouveaux changements.

Avant Lamarck, Buffon avait également déjà fait remarquer la promptitude avec laquelle les espèces varient, et la facilité qu'elles ont à se dénaturer en prenant de nouvelles formes. « Il ne serait pas impossible, disait-il, que, même sans intervertir l'ordre de la nature, tous les animaux du monde actuel fussent, dans le fond, les mêmes que ceux de l'ancien, desquels ils auraient autrefois tiré leur origine. » Buffon considérait donc comme admissible que les deux cents espèces de mamifères dont il a donné l'histoire pourraient bien être issues d'un assez petit nombre de souches-mères.

Enfin, d'autres savants non moins ardents dans leurs investigations que ceux que nous venons de nommer, ont, dans ces derniers temps, publié des travaux remarquables sur l'origine des espèces et des races,

[1] *Die Racen, Züchtung, Ernährung und Benutzung des Rindes.* — *München,* 1865.

dans le but de combattre les partisans de l'immutabilité des êtres organiques. « C'est, dit M. Darvin, rendre un éminent service à la science
que d'accoutumer les esprits à considérer tout changement survenu dans
le monde organique aussi bien que dans le monde inorganique , comme
pouvant être l'effet d'une loi naturelle et non d'une intervention *mira-
culeuse* [1]. »

[1] Le mot *miraculeux* exige de notre part une explication que nous croyons
devoir au lecteur qui n'est pas au courant des problèmes dont la science poursuit
la solution et qui dans ces derniers temps ont passionné certains esprits. Le
célèbre Cuvier s'était interdit, dans ses travaux , de rien avancer de contraire
aux *dogmes bibliques ;* il admettait que chacune des espèces existantes et des
espèces disparues a été l'objet d'un acte spécial et isolé du Créateur. D'après lui ,
toutes les espèces ont subsisté ou subsistent isolément , sans pouvoir se mélanger
ni donner naissance à d'autres espèces. Les modifications possibles seraient donc
purement superficielles et ne produiraient que de simples variétés ou races , dont
les différences n'auraient jamais altéré la constitution spécifique. Quant à l'homme,
Cuvier le sépare d'une manière absolue du reste de la nature ; l'homme ne
constitue ni une espèce, ni un genre, ni une famille , ni un embranchement
quelconque , mais un *règne*, qui dérive tout entier d'un seul couple primitif,
dont les descendants se sont perfectionnés ou ont dégénéré uniquement par
l'effet des influences locales.

Contrairement à cette manière de voir, il s'est formé aujourd'hui une nouvelle
école. Celle-ci admet le principe que la science doit agir en dehors de tout contrôle
dans l'observation des lois et des phénomènes de la nature. C'est donc , à ce
point de vue , qu'un certain nombre de savants ont cru pouvoir contester l'appa-
rition simultanée des animaux et des végétaux qui ont peuplé le globe aux différentes époques , et admettre, au contraire , un développement successif dans
l'organisme vital et une évolution ascendante des êtres rudimentaires vers des
formes plus parfaites. En un mot, la nouvelle école, à la tête de laquelle se
trouve un habile écrivain , M. Darvin , admet que les espèces sont variables
et que plusieurs espèces peuvent descendre d'une seule espèce primitive , ayant
subi , pendant une longue suite de générations , des modifications organiques de
plus en plus profondes. L'homme même n'aurait pas été exempt de ce développement successif des êtres rudimentaires.

On comprendra ce qu'il y a de délicat et de subtil dans cette doctrine dont nous
n'avons pas à examiner ni à apprécier les hypothèses. Toutefois , si nous admettons , non-seulement l'influence d'un milieu sur l'organisme animal, mais aussi
l'influence de l'homme sur les races , ainsi que les effets de la *sélection naturelle*
dont nous dirons un mot tout-à-l'heure , nous croyons ne pas sortir des limites
tracées par l'illustre Cuvier. Dans ces limites le mot *miraculeux* n'aurait donc
aucune portée sérieuse.

D'un autre côté, les progrès de la géologie qui, dans ces derniers temps, ont été si rapides et si riches en enseignements, ont surabondamment prouvé les nombreuses évolutions du globe : à chaque nouvelle évolution, la nature animale et végétale a dû nécessairement éprouver quelques modifications plus ou moins profondes et, le milieu où les êtres étaient destinés à vivre, a dû, jusqu'à un certain point, déterminer la condition de leur existence. Nous croyons donc devoir persister à croire, qu'aujourd'hui encore, la différence qui caractérise les races bovines est en grande partie le résultat ou la conséquence des diverses influences que nous avons énoncées plus haut.

Deux choses, néanmoins, nous restent encore à mentionner à cet égard : d'abord, c'est l'influence que l'homme exerce sur les animaux, et ensuite, ce sont les conséquences qui résultent de la *sélection naturelle*.

S'il est impossible à l'homme de produire directement des changements ou des modifications dans la nature des animaux et des plantes, il le peut pourtant en empruntant ses forces à la nature elle-même. C'est ainsi, qu'à l'aide des engrais, nous donnons aux plantes un développement luxuriant qu'elles n'atteindraient pas sans le concours que nous leur prêtons. C'est ainsi encore que nous transportons, sous un ciel nouveau, les animaux pour les y soumettre à une nourriture nouvelle et à des habitudes très-contraires à celles qu'ils avaient contractées en jouissant de la plénitude de leur liberté. « Nous contraignons les espèces, dit M. Ed. Vignes [1], à faire ce qu'elles ne feraient pas d'elles-mêmes et, en exposant ainsi les corps vivants à de nouvelles conditions de vie, nous donnons, souvent sans dessein, prise à la variabilité. Mais, où l'on aperçoit l'action immédiate de l'homme, c'est dans la manière dont il utilise les variations qu'il a provoquées ; il choisit parmi ces dernières celles dont il espère pouvoir tirer parti, puis il les ajoute dans la direction déterminée par son intérêt ou par son caprice ; c'est de cette façon que l'homme parvient à adapter, soit les animaux, soit les plantes à son propre usage ou même à son agrément. Un pareil résultat peut être obtenu aussi bien par une sélection faite d'une manière inconsciente et sans intention directe de perfectionnement que par un choix méthodique et exercé avec connaissance de cause. »

N'est-ce pas là, en un mot, toute l'histoire de la grande diversité qui

[1] *Annuaire scientifique*, 1864.

existe dans les races de nos animaux domestiques ? Ce sont, apparemment ces circonstances qui ont engagé, en Allemagne, certains agronomes à ranger les races bovines en deux classes distinctes : les *races naturelles* et les *races artificielles*.

Et cependant, il y a une autre action encore qui exerce également sa part d'influence sur la constitution animale et que nous ne saurions passer sous silence, c'est la *sélection naturelle* si pittoresquement décrite par M. C. Darvin.

La quantité de vie à la surface du globe ne serait pas susceptible, selon l'auteur de *l'origine des espèces*, d'une augmentation indéfinie. Une concurrence, c'est-à-dire, une lutte pour l'existence doit nécessairement et fatalement résulter de la progression sans cesse croissante qui s'opère en vertu de la tendance vers la multiplication. Or les individus doués de quelques avantages, si minimes qu'ils soient, auraient toujours le plus de chance de survivre aux autres et de propager le privilège qu'ils ont reçu de la nature. Cette lutte incessante, que tous les êtres organisés, sans exception, ont plus ou moins à soutenir les uns contre les autres pour prolonger leur vie spécifique comme leur vie individuelle, se manifesterait chez les animaux dans les combats surtout, que se livrent entre eux les mâles pour s'approprier les femelles.

Il est évident que, dans ces luttes acharnées, comme celles, par exemple, que se livrent les taureaux, la victoire reste aux plus forts, aux plus vigoureux, et constitue ainsi, la *sélection naturelle*. Nos éleveurs ne font donc qu'imiter, par des procédés plus pacifiques, l'exemple donné par la nature en choisissant parmi les sujets qui composent leurs étables et qui, par conséquent, n'ont pas la liberté d'agir, ceux qui répondent le plus au but qu'ils poursuivent.

Or, si l'économie est le mobile de la *sélection artificielle*, la perfection générique des genres semble être le but de la *sélection naturelle*.

Il nous paraît impossible de ne pas partager, sur ce point, l'opinion de M. Darvin, d'autant plus que nous voyons journellement cette lutte engagée dans la vie humaine. D'un côté, nous la retrouvons dans la concurrence ardente que fait l'homme à l'homme, dans les guerres éternelles que se livrent les nations et dans les invasions à la suite desquelles nous voyons disparaître des peuplades entières comme celles, par exemple, des indigènes qui occupaient autrefois les plaines de l'Amérique du Nord et de l'Australie ; d'un autre côté, nous voyons également les classes pauvres lutter péniblement contre les privations et souvent contre la misère que les plus forts seuls sont capables de surmonter victorieusement.

La *sélection naturelle* scruterait donc, selon M. Darvin, journellement et à toute heure le monde, pour y reconnaître les variations les plus légères, afin de rejeter ce qui est imparfait et de conserver ce qui est parfait ; elle travaillerait ainsi, insensiblement et en silence, partout et toujours, dès que l'opportunité s'en présenterait, à améliorer les êtres et à les mettre mieux en concordance avec les conditions organiques et inorganiques de l'existence.

Tel est le résumé le plus succinct que nous étions à même de faire des diverses opinions émises dans ces derniers temps sur l'origine et les modifications successives des animaux. Si tout ce qui concerne l'origine des espèces est recouvert de ce voile mystérieux, auquel il est impossible de toucher sans voir apparaître, simultanément, un grand nombre de questions philosophiques qui n'entrent pas dans le cadre de ce travail, nous croyons, néanmoins, que ce coup-d'œil rapide dans le domaine des sciences naturelles n'aura pas été inutile pour nous donner une idée des causes qui occasionnent apparemment les immenses variétés de nos animaux domestiques.

A ce point de vue, nous ne regrettons pas d'avoir été obligé de remonter si haut pour répondre à l'objection qui nous a été faite, du reste avec une courtoisie dont nous savons bon gré à nos interlocuteurs, de ne pas tenir compte, dans nos études, des races primitives qui peuplaient autrefois notre continent.

<h2 style="text-align:center">V.</h2>

SOMMAIRE : LA SPÉCIALISATION. — DE L'ENGRAISSEMENT ET DE SES ABUS — DES MOYENS EMPLOYÉS PAR LES MONTAGNARDS ALSACIENS POUR DÉVELOPPER LES APTITUDES LACTIFÈRES. — L'INDUSTRIE FROMAGÈRE DANS LES VOSGES. — DE LA TEMPÉRATURE DES ÉTABLES. — OPINION DE M. LE BARON PEERS. — LA SCIENCE ET LA CHALEUR ANIMALE.

Le but que nous poursuivons en écrivant ces lignes consiste, d'un côté, à démontrer l'infériorité dans laquelle se trouve le bétail en Alsace comparativement avec celui d'autres départements, et de l'autre, à exposer à nos agriculteurs les nombreux progrès que l'on a faits, dans ces derniers temps, dans toutes les questions scientifiques qui se rattachent à l'entretien et à l'amélioration des races bovines. Le cultivateur de notre province, dit-on et avec raison [1], se distingue par l'amour de son état, par son admirable soumission aux charges qui lui sont imposées au nom de la loi et, par la patience infatigable avec laquelle il supporte toutes espèces de privations. Mais, s'il a la conscience de sa capacité et, s'il est fier de sa profession qu'il met fort au-dessus des métiers industriels, son amour-propre se montre, en revanche, très-susceptible à l'endroit d'une critique de ses méthodes, quand le blâme n'est pas justifié par des épreuves pratiques et positives.

Or, comme il nous est impossible de lui démontrer, matériellement, l'utilité ou plutôt la nécessité d'une réforme dans son économie du bétail qui doit constituer, non-seulement son intérêt privé, mais aussi la richesse publique, nous sommes obligés, pour lui faire partager notre conviction, de prendre, pour ainsi dire, corps à corps la question que nous traitons ici, et de la lui présenter dans tous ses détails, en nous appuyant, par des citations, sur les expérimentations des hommes dont la bonne foi et la compétence sont incontestables.

En avançant ainsi lentement et méthodiquement dans la tâche que nous nous sommes imposée, nous rencontrons aujourd'hui les différentes questions relatives à la *spécialisation* des bêtes bovines.

On entend par la *spécialisation*, le but que l'éleveur se propose d'atteindre et qu'il poursuit avec persévérance, tout en apportant à sa marche, selon M. Lefour, les modifications que lui indique l'expérience.

Pour arriver à ce but, le cultivateur doit être à même de pouvoir se rendre exactement compte des ressources dont il dispose, car la première condition de réussite est, naturellement, celle de faire concorder les moyens et le but. A part cette condition, le but varie selon les besoins des populations, selon les relations internationales, selon celles établies entre différentes provinces et enfin, selon la production fourragère des contrées.

La spécialisation n'est donc autre chose que le perfectionnement de l'animal à un point de vue spécial. Elle consiste, tantôt dans les moyens

[1] Voy. *Description du département du Bas-Rhin*, publiée avec le concours du Conseil général, sous les auspices de M. Migneret, par MM. E. OPPERMANN et F. DE DARTEIN.

employés pour augmenter la production du lait, tantôt dans les procédés usités pour développer les parties charnues de la bête, et tantôt encore, elle consiste principalement, ou dans la production des engrais, ou dans le travail des animaux.

A son tour, l'élevage peut devenir plus ou moins une spécialité pour des contrées qui disposent de certaines étendues de terres pouvant servir de parcours au jeune bétail. Dans les contrées, au contraire, où les populations sont intenses, où les pâturages sont supprimés, les animanx de boucherie sont généralement les plus recherchés et les plus lucratifs: dans le voisinage des villes où les établissements de distilleries et de brasseries fournissent de grandes quantités de résidus alimentaires, ou, dans des contrées en communication directe avec des centres populeux, les animaux en question sont communément les plus estimés.

Dans ces derniers temps, l'art d'engraisser le bétail a fait des progrès remarquables. Nos lecteurs connaissent déjà le moyen employé par les frères Colling sur les Durhams et qui consiste dans les appareillements consanguins. Ils connaissent également celui si bien décrit par M. E. Gayot et ils savent enfin, que la stabulation absolue et la castration, bien entendu avec une nourriture abondante, sont des moyens, à-peu-près certains pour obtenir rapidement ces machines productrices de graisse et de viande.

Nous ne nous arrêterons pas à la classification des aliments établie par la chimie; non-seulement un grand nombre de nos éleveurs auraient de la peine à distinguer les aliments à base d'azote qui doivent concourir à la constitution moléculaire des tissus, de ceux des aliments dans lesquels dominent le carbone, l'hydrogène, etc., destinés à entretenir la chaleur et la vie animale, mais, il faudrait encore écrire un volume, si nous devions exposer toutes les précieuses découvertes que la science a faites à ce sujet. Nous nous contentons donc de signaler à ceux de nos lecteurs qui s'intéressent plus particulièrement à l'étude des aliments, le beau travail de M. Isidore Pierre, publié sous le titre de « *l'Alimentation du bétail.* » Néanmoins, nous ferons remarquer, en passant, que l'alimentation la plus conforme aux besoins des bêtes bovines et à la conservation des races, sera toujours celle, composée de foin de bonne qualité, de regain et de grains.

Ajoutons encore que l'engraissement outré des animaux, qui a fait souvent la fortune des éleveurs anglais, n'est pas sans danger pour

l'hygiène publique : il résulte, en effet, d'après de nombreuses observations faites récemment par M. Gant, pathologiste distingué et aide-
chirurgien dans un hôpital de Londres, que les corps, les foies et les
autres viscères de ceux des animaux, que leur excès de graisse faisait
remarquer entre tous ceux qui avaient remporté des prix, étaient affectés
de très-graves maladies. Souvent, selon M. *Gant*, le cœur se transfor-
merait en graisse et ne se dilaterait et ne se contracterait presque
plus ; le sang ne formerait plus qu'un courant pauvre et lent, il engor-
gerait les poumons et n'y circulerait pas. « C'est à cet état de souffrance,
dit M. Gant, qu'il faut rapporter cette respiration haletante et incom-
plète de ces pauvres animaux dont l'expression lourde et stupide des
traits annonce évidemment un cerveau congestionné. Le moindre excer-
cice les fait mourir et leur chair, après la mort, est toute parsemée
de larges tâches de sang, auxquelles les artères et les veines ont
donné passage. A son tour, la viande engendrée par des organes ma-
lades doit nécessairement être malade elle-même et ne saurait, à ce
titre, mériter l'honneur qu'on lui fait en la couronnant comme type de
nourriture humaine. Exagérer l'engraissement pour gagner des prix de
concours, s'écrie l'éminent pathologiste, c'est de la folie et presque
un crime ! »

En effet, les abus de ces engraissements outrés commencent à être
reconnus généralement, même en Angleterre où les plus beaux types
étaient, il y a quelques années à peine, sacrifiés aveuglément aux honneurs
des exhibitions. C'est ainsi que l'on voyait, dans les Iles-Britanniques,
de magnifiques vaches grasses sortir des étables les plus renommées,
remporter des prix comme animaux de boucherie après avoir gagné les
premiers prix dans les concours d'animaux reproducteurs. Aujourd'hui,
dit M. de la Tréhonnais, le bon sens des éleveurs semble enfin faire
justice de cet abus qui, s'il avait continué, eût fini par détruire insensiblement les plus belles races en les frappant de stérilité [1].

Tout en faisant la part de ce qu'il peut y avoir d'exagéré dans les
appréciations que nous venons de citer, elles serviront néanmoins d'avis
aux engraisseurs alsaciens en particulier, et à nos consommateurs en
général. Toutefois, en Alsace, les exploitations, dont le but spécial con-

---

[1] On sait que la stérilité est fréquemment la conséquence ou d'une stabulation
absolue, ou d'une nourriture par trop abondante, surtout quand celle-ci est
composée de résidus de distilleries.

siste à engraisser le bétail pour la boucherie, sont fort restreintes ; ce n'est qu'à partir des mois d'août et septembre jusque vers le milieu de l'hiver que les animaux, engraissés avec les fourrages provenant des prairies artificielles, se présentent en quantité notable sur les divers marchés de la province.

La production du lait constitue en Alsace une spécialité plus importante. Dans les contrées où les populations ne sont pas exubérantes, où les débouchés éprouvent des entraves, soit par la longueur des distances, soit par des chemins peu praticables, la faculté lactifère des vaches présente souvent l'unique ou du moins le principal avantage à retirer de l'entretien du bétail. A l'instar des populations de la Suisse, du Jura, etc., les montagnards alsaciens qui occupent les versants orientaux des Vosges, confectionnent des beurres et des fromages, auxquels nos plaines ne peuvent pas faire concurrence. Cette supériorité provient de ce que, sur les prairies des montagnes, à pentes plus ou moins fortes, les eaux d'irrigation, souvent en grande abondance, s'écoulent plus rapidement que dans les plaines. Cet écoulement facile est l'une des premières conditions pour obtenir un fourrage très-nutritif et en grande quantité ; la qualité des fourrages, on le sait, se transmet aux beurres comme aux fromages et leur donne la délicatesse et la saveur tant recherchées par les populations urbaines.

Les fromages confectionnés dans nos montagnes ne sont pas de la même espèce que ceux de la Suisse et du Jura. Leur confection n'exige pas, comme dans les départements du Doubs et de là Haute-Saône, une association entre un certain nombre de montagnards [1]. Trois ou quatre vaches composent, en moyenne, les étables de nos fromageries dont les produits sont consommés en grande partie dans la province même.

Les procédés employés par les montagnards alsaciens pour développer les aptitudes lactifères ont une grande analogie avec ceux employés pour le développement des qualités de boucherie ; ils consistent

---

[1] Dans ces départements les fromageries sont fondées par association de propriétaires ou fermiers qui s'entendent à mettre en commun le lait de leurs vaches. Le nombre des associés varie entre 20 et 70 ; celui des vaches entre 50 et 90 par chaque fromagerie. 50 vaches au moins sont indispensables pour alimenter convenablement une fromagerie et pour permettre la confection des fromages connus sous la dénomination de *Gruyère*. Les fromages d'Alsace, portant le nom de la riche et plantureuse vallée de *Munster* sont connus, à Paris, sous la dénomination de *Géromé* ou Gérardmer.

également à changer, par un fourrage abondant, par une stabulation presque absolue, et par d'autres moyens encore, dont nous parlerons tout-à-l'heure, la nature vigoureuse de l'animal en une nature molle et lymphatique. L'élevage est presque inconnu chez nos montagnards qui n'achètent guère que des vaches adultes aux marchés les plus voisins. Ces vaches, une fois rendues aux étables, sont attachées par le cou à des poteaux placés à droite et à gauche de l'animal, celui-ci ne peut ainsi mouvoir la tête que dans le sens vertical, et tout juste autant que le permet la longueur des chaînes avec lesquelles il est attaché. Le pavage des étables est partout en madriers et ne reçoit jamais de litières [1]. Les étables sont extrêmement basses et mesurent quelquefois à peine 1 mètre 65 cent. de hauteur, de manière qu'il est impossible à l'homme de s'y tenir debout ; elles sont en conséquence sombres et n'ont souvent pour toute ouverture que la porte d'entrée. C'est là que les vaches sont serrées les unes contre les autres et produisent dans leur logement une température si élevée que l'étranger, qui n'a pas l'habitude de vivre dans une pareille atmosphère, en est épouvanté.

Ce régime, à coup sûr, est contraire à l'état sanitaire des animaux, mais il ne doit pas moins, selon l'opinion des montagnards, augmenter la production du lait et disposer les bêtes à prendre de la graisse. Au point de vue des montagnards, ce régime est absolument nécessaire pour améliorer, non pas la race, car, nous venons de le faire remarquer, ils ne font point d'élèves, mais le sujet.

On le voit, le mot *amélioration* a une signification bien différente suivant son application ; tantôt elle représente l'accroissement des puissances organiques qui concourent, comme nous l'a fait observer M. Gourdon, à entretenir la santé et la vie, tantôt elle consiste dans le développement des aptitudes les mieux appropriées au but que l'on poursuit, dut même ce but n'être obtenu qu'aux dépens de la constitution de l'animal et de la durée de son existence.

En effet, il est rare de voir ces montagnards conserver le même bétail plus de deux ou trois années ; au bout de ce court laps de temps il est généralement vendu à la boucherie.

---

[1] Les excréments des bêtes sont enlevés à mesure qu'ils sont produits. On les transporte dans une grande fosse moitié remplie d'eau dans laquelle ils sont délayés. Cette eau compose ensuite l'unique engrais que reçoivent les prairies.

Il paraît, du reste, que l'usage de maintenir les étables très-sombres et à une température extrêmement élevée, existe, non-seulement dans les Vosges, mais aussi en Suisse, en Flandre, en Hollande, en Belgique, etc. Nous avons sous les yeux un mémoire de M. le baron Peers, membre du conseil supérieur d'agriculture de Belgique, dans lequel l'auteur déplore l'usage en question.

« Il n'est peut-être pas un pays en Europe, dit M. le baron Peers, où l'on entend plus mal qu'en Belgique cette partie si essentielle de la santé des animaux domestiques. Quel que soit le régime auquel on les soumette, on leur fait subir un degré de température beaucoup trop élevé pour ne pas porter atteinte à leur économie. C'est une *manie* qui est passé de temps immémorial en habitudes chez les cultivateurs, car ils considèrent comme une condition essentielle de bien-être de leurs troupeaux, l'existence et l'entretien constant d'une température très-élevée dans les étables où ils logent leur bétail. Sans avoir aucun égard à la chaleur du dehors, sans songer aux effets morbides qu'occasionne une température suffoquante et délétère, ils ferment soigneusement portes et fenêtres en bouchant et en calefeutrant même, à l'aide de bouse de vaches, les moindres interstices. C'est dans cet état, privé d'air purifié, sous une température tropicale et dans un bain de vapeur permanent que végètent, pendant toute la durée de l'hiver, des animaux dont la nature, si sage et si prévoyante, a revêtu toutes les surfaces du corps de substances presque inaltérables qui préservent contre les intempéries. Ce régime débilitant, suivi depuis des siècles, n'a certainement pas peu contribué à énerver l'espèce bovine et l'on est arrivé à tel point aujourd'hui que, souvent, il y aurait du danger à rompre brusquement avec ces habitudes consacrées par un usage immémorial [1]. »

S'il importe fort peu de constater que ce préjugé existe en Hollande et en Belgique comme en Suisse et en Alsace, il est, d'un autre côté, d'un intérêt sérieux d'examiner si ce procédé doit réellement être taxé de préjugé ou s'il est basé, plus ou moins, sur une nécessité. A ce titre, et en raison de l'importance que présente dans notre province la production du lait, nous croyons devoir nous y arrêter avant de passer aux autres buts de la spécialisation.

Or, le procédé en question existe, non-seulement chez les campa-

---

[1] Voy. *De la stabulation de l'espèce bovine*, par le baron E. Peers. Mémoire couronné par le gouvernement belge, 1858.

gnards auxquels on est trop souvent disposé à donner l'épithète de rou-
tiniers, mais il est également introduit dans les grandes et nombreuses
distilleries de la Belgique qui doivent leur origine à des spéculations
récentes.

« Dans ces distilleries, dit M. le baron Peers, on pousse les animaux
à l'engrais, d'après les méthodes les plus expéditives, sans avoir égard
le moins du monde à la question hygiénique. Dans ces véritables fabriques de chair, on renferme l'animal dans des étables très-basses, hermétiquement fermées, de manière à ne jamais y laisser pénétrer le jour.
Dans cette situation, bien nourrie avec des substances *débilitantes*, et
vivant dans une atmosphère de 30 à 35 degrés Réaumur, la bête bovine,
dont l'organisation est déjà si lymphatique, se transforme rapidement ;
les organes intérieurs prennent un développement anormal, une trans-
piration continuelle amène l'inertie de tout l'organisme, et le sujet
maintenu dans un pareil régime, se levant uniquement pour prendre
ses repas, vivant, en un mot, d'une vie contre nature, est atteint d'une
obésité qui, parvenue à son terme, l'expose incessamment à une foule
d'accidents. »

Suivant M. le baron Peers, ce traitement reposerait sur des intérêts
d'une déplorable spéculation, et l'exemple donné serait funeste aux
campagnards qui agiraient ainsi dans une voie diamétralement opposée
aux règles les plus élémentaires de l'élève du bétail. Dans cette appréciation, si vigoureusement décrite, M. le baron Peers ne tient évidemment aucun compte de la *spécialisation*, ce qui nous prouve, une fois
de plus, combien il est nécessaire au cultivateur de bien comprendre
le but qu'il se propose par l'entretien si coûteux de ses animaux.

Or, l'engraissement des bestiaux a pour but unique d'alimenter les
boucheries aux prix les plus réduits. Pour arriver à ce résultat, deux
choses sont urgentes : la précocité de l'animal et un procédé pour lui
donner de la chair et de la graisse dans le délai le plus court, c'est-à-
dire avec le moins de déboursés possible ; une nature lymphatique,
l'état débilitant du sujet, la stérilité des vaches, la castration des taurillons, sont les moyens les plus sûrs pour atteindre ce but. Dans l'élevage, au contraire, la reproduction régulière, la santé et la vigueur
des co-reproducteurs sont indispensables pour obtenir le nombre d'élèves
destinés à remplacer les animaux abattus et débités sur les étaux des
boucheries. Quand, dans un pays ou dans une province, le nombre des
élèves ne correspond pas au nombre de bêtes abattues, l'équilibre est

rompu entre la production et la consommation, et les populations sont forcées d'emprunter ou les élèves, ou les bêtes grasses, ou celles à engraisser à des pays étrangers. C'est là la situation bien regrettable, sous certains rapports, dans laquelle se trouve actuellement la France.

Dans les distilleries agricoles, et autres, l'engraissement est le plus souvent le but spécial, plus la bête se dispose à prendre de la graisse, plus la sécrétion du lait diminue. La production du lait n'occupe ainsi que l'arrière-plan. Chez nos montagnards alsaciens, une lactation abondante constitue, au contraire, l'industrie principale et l'engraissement ne joue qu'un rôle secondaire. La production du lait étant, à son tour, favorisée par une nature lymphatique de l'animal, les procédés employés par les engraisseurs sont également usités dans les fromageries, avec la différence toutefois, que l'animal est vendu au moment où l'engraissement entre en grande activité au détriment de la lactation.

Or, M. le baron Peers en adressant aux établissements spéciaux, tels que distilleries et fromageries, le reproche d'agir d'une manière diamétralement opposée aux règles les plus élémentaires de l'élève du bétail, confond donc évidemment les buts spéciaux des diverses industries de l'économie agricole ; il commet, en cela, la même erreur que bon nombre de nos vétérinaires qui, le plus souvent, étrangers à l'agriculture proprement dite, ne se placent qu'au point de vue de l'hygiène en général, en recommandant aux campagnards indistinctement la construction d'étables élevées et aérées [1].

Si pour l'élève du bétail et pour les animaux de trait, la lumière, le grand air, le mouvement, l'espace et l'aération des logements sont d'une nécessité absolue, il n'en est cependant pas de même pour les bêtes adultes destinées à entrer dans l'une des industries spéciales que nous venons de désigner. A ce sujet on vient de faire en Allemagne des expérimentations fort curieuses que nous allons décrire brièvement.

[1] M. A. Sanson assimile également les étables ou les vacheries aux écuries : « Pour présenter de bonnes conditions hygiéniques, dit-il, elles doivent être édifiées d'après les mêmes principes que ceux qui régissent la construction des écuries. » Nous pensons que les meilleures conditions hygiéniques vétérinaires sont celles qui répondent le plus à notre intérêt ; or, il nous importe quelquefois de maintenir la santé des animaux pour en obtenir des services, d'autres fois il nous importe au contraire d'altérer l'état sanitaire de l'animal pour en retirer des produits. Parmi ces produits il faut assurément compter la viande et le lait.

M. Georges Mai , pour se rendre compte de l'influence de la température sur le rendement en lait et en viande, fit placer deux jeunes bêtes d'une santé parfaite dans un local voûté , dont la température n'atteignait que 4 degrés au-dessus de 0 (Réaumur). Ce local fut organisé de manière que chacune des deux vaches put recevoir sa nourriture séparément. Le pavage consistait en planches , les animaux étaient privés de litières afin de faciliter l'enlèvement des excréments qui furent soumis journellement à des analyses chimiques. Les fourrages consistaient uniquement en foin de première qualité.

Telles sont quelques unes des nombreuses précautions prises par M. Mai. Ajoutons cependant que le local ainsi organisé était muni d'un four ou poêle à l'aide duquel on se proposa de modifier la température. En entrant subitement dans cette température bien au-dessous de celle qu'elles venaient de quitter , les deux bêtes furent saisies d'un tremblement qui dura pendant les trois premiers jours et qui ne se calma que le quatrième. A partir de ce moment , M. Mai fit passer successivement ses animaux dans des températures différentes et les y laissa, dans chacune, pendant dix jours. La première température ayant été, comme nous venons de le dire, de 4 ^{0}, la seconde fut élevée, par la chaleur artificielle, à 10 ^{0}, la troisième à 15 et finalement la quatrième ne monta plus qu'à 12 ^{0}.

Nous regrettons bien que le cadre de ces lignes ne nous permette pas de rendre compte de toutes les intéressantes observations que M. Mai eut occasion de faire pendant les quarante jours que durèrent ses expérimentations et d'être obligé de nous borner à dire que le résultat était en faveur d'une température de 10 degrés Réaumur.

Et cependant, malgré toutes les observations si minutieuses du savant professeur de Munich , sa conclusion nous paraît ne pas être admissible comme solution définitive du problème qu'il avait à résoudre.

La température, produite artificiellement par un calorifère quelconque, nous semble ne pas être comparable à celle qui se produit naturellement dans l'atmosphère, ni à celle résultant de l'évaporation d'un certain nombre d'animaux renfermés à l'étable. Or, s'il est vrai qu'une température à la fois *humide* et *chaude* est favorable à la sécrétion du lait, dans ce cas la température sèche , obtenue par le calorifère, a dû produire, jusqu'à un certain point, l'effet contraire à celui auquel M. Mai s'était attendu.

En admettant , néanmoins, avec M. Mai, qu'une température de 10

degrés soit celle qui favorise le plus la lactation des vaches et la production des viandes, dans ce cas n'a-t-on pas tort de trouver mauvais
et contraire à l'hygiène vétérinaire, que les étables de nos montagnards,
exposées aux grands vents et surtout aux grands froids, descendant
quelquefois jusqu'à 12 et 15 degrés au-dessous de zéro, soient con-
struites de manière à garantir les bestiaux plutôt contre les rigueurs des
hivers que contre les chaleurs des étés, qui, en définitive, leur sont
toujours moins funestes que les saisons des neiges et des glaces?

D'un autre côté, la science a fait également, dans ces derniers temps,
des découvertes d'une haute valeur sur la *chaleur animale*. Ces découvertes confirment, jusqu'à un certain point, d'abord le vieux proverbe
selon lequel *on dîne quand on dort*, et ensuite l'opinion de nos montagnards suivant laquelle on engraisserait les animaux tout autant par
l'inactivité, la quiétude et la chaleur que par la nourriture même [1].

En effet, suivant ces découvertes la température interne de l'homme,
ainsi que des animaux à sang chaud, serait de 37 degrés. Cette chaleur
diminuerait ou se perdrait de deux manières : par *contact* et par *rayon-
nement*. Si l'homme était constamment dans un milieu de 37 degrés, ces
pertes seraient nulles, mais, dans le cas ordinaire, ces pertes existent.
C'est donc pour réparer et pour empêcher les pertes de chaleur que l'industrie humaine a dû chercher des moyens qu'elle a trouvés dans les
vêtements. Les vêtements emprisonnent autour de notre corps une
quantité d'air assez facilement renouvelable et qui, en contact avec le
corps, s'échauffe et constitue autour de lui également une atmosphère
de 37 degrés. Cette atmosphère, comme tous les gaz, n'envoyant pas de
chaleur rayonnante, conserve facilement la sienne ; et, comme elle reste
assez longtemps à la même place, elle isole le corps des influences
extérieures.

« De cette façon seule, dit M. J. de Cordemoy [2], l'homme peut garder
cette température de 37 degrés dont l'abaissement, un peu notable,
entraînerait rapidement la mort. »

Ajoutons encore, que si les vêtements empêchent de trop grandes
pertes de notre chaleur, les aliments, par contre, les restituent, et

[1] Ces procédés sont également employés par les ménagères alsaciennes pour
engraisser les poules, les canards, les oies, etc. Tout le monde connaît les tor-
tures que l'on fait éprouver à ces dernières pour développer les foies si recherchés
de tous les hommes qui attachent quelque prix à l'art de bien vivre.

[2] Voy. *Science pour tous*, vol. VII, pag. 220.

que ces pertes s'opèrent généralement par le mouvement du corps et par le travail.

Les 30 à 35 degrés de chaleur que M. le baron Peers déplore tant n'auraient donc rien de contraire à l'hygiène s'ils n'empêchaient pas le renouvellement de l'air si nécessaire aux poumons pour les rendre aptes à remplir les fonctions du fluide nutritif.

A ce sujet encore, la science, dans son activité infatigable, vient de faire de nouvelles découvertes. Elle nous démontre que les animaux les plus remarquables par leur poids acquis, par leur engraissement, par leur précocité et par le développement de leur région thoracique, *ont les poumons les moins volumineux* [1]. C'est là un fait, qui, à la suite de nombreuses comparaisons établies entre les races françaises avec les races britanniques les plus perfectionnées au point de vue de la boucherie, a été constaté d'une manière irrécusable. Ce fait, selon M. Dehérain [2], serait des plus remarquables sous les rapports physiologiques ; il se rattacherait très-nettement aux idées émises par M. Darvin sur la variation que présentent les organes suivant les besoins. On aurait, en effet, remarqué depuis longtemps que les animaux des races anglaises, inactifs, à qui on ne demande aucun service que de s'accroître le plus promptement, prenaient un développement considérable du tronc, des organes de la vie végétative, tandis que les organes de la vie de relation allaient s'amoindrissant ; les jambes devenaient minces, grêles, à peine capables de porter la grosse masse qui pèse sur elles. C'est ainsi que chez ces animaux fainéants, ne produisant aucun travail, l'appareil à combustion, le poumon, se réduirait de plus en plus.

Quoique la boucherie ne soit que le but secondaire des animaux entretenus par nos montagnards, il justifie néanmoins les procédés qu'ils emploient, c'est-à-dire, le maintien d'une température très-élevée dans les étables, qui est conforme à la science laquelle nous démontre nettement, nous venons de le voir, que l'inactivité, la chaleur et même le manque du renouvellement de l'air sont autant de moyens qui poussent la machine animale vers cette perfection si recherchée par la boucherie et dont la race Durham représente le type le plus parfait.

---

[1] Voy. BAUDEMENT, *Observations sur les rapports qui existent entre le développement de la poitrine, la conformation et les aptitudes des races bovines.* — *Annales du Conservatoire*, tom. II, 1861.

[2] Voy. *Annuaire scientifique*, 1865

Toutefois, répétons encore une fois, que cette perfection n'enrichit pas la puissance organique, ni la santé, ni la vie, ni la fécondité, et qu'elle développe, au contraire, le système adipeux qui rapproche rapidement l'animal du terme de la vie. C'est ainsi que se trouve résolu le problème dont nous avons parlé plus haut, selon lequel, pour certaines industries, l'animal domestique n'est qu'une machine qui consomme et qui produit, que le produit le plus rémunérateur ne peut être que la chair et que, par conséquent, au point de vue de la boucherie, l'animal qui sera apte à s'engraisser le plus rapidement sera aussi le plus utile.

Si l'on considère maintenant que pour maintenir l'équilibre dont nous avons parlé plus haut, et qui doit exister naturellement entre les bêtes qui naissent et celles qui sont livrées à la consommation, on comprendra combien il est nécessaire de se faire une idée exacte de la spécialisation, d'autant plus que des procédés, diamétralement opposés à ceux employés par les engraisseurs et l'industrie fromagère, sont d'une nécessité absolue pour empêcher la dégénérescence des individus et pour maintenir, à la fois, la reproduction régulière et la fécondité des races.

Heureusement, il y a en agriculture d'autres branches et d'autres besoins encore qui réclament un bétail nombreux dont les conditions premières sont la vigueur et la santé.

VI.

SOMMAIRE : LA THÉORIE ET LA PRATIQUE. — QUELQUES OBJECTIONS FAITES PAR M. JEAN KIENER, JEUNE. — L'HYGIÈNE HUMAINE ET L'HYGIÈNE VÉTÉRINAIRE. — ENCORE LA RÉGION LAITIÈRE. — LES CHAROLAISES ET LA RACE DE SALERS. — LES RACES TRAVAILLEUSES ET LES RACES LAITIÈRES DE FRANCE. — LA TRANSMISSION HÉRÉDITAIRE. — LA RACE DES VOSGES. — LE CROISEMENT ET LES ÉLEVEURS ALSACIENS.

La diversité des intérêts qui se rattachent, dans notre province, à l'entretien de la race bovine, doit fixer toute notre attention. Pour apprécier, à leur juste valeur, les procédés employés par le cultivateur, il faut nécessairement être à même de se rendre compte de l'effet de ces procédés et du but que l'on poursuit. Or, pour donner un conseil à celui, par exemple, qui entretient son bétail, plus spécialement dans l'intention de former des sujets destinés ou à la boucherie ou à la production du lait, il faut, ce nous semble, ne pas oublier qu'un tempérament mou et lymphatique, un état presque maladif et une surexcitation presque continuelle, provoquée par une température élevée et par une grande abondance de fourrage, sont les conditions nécessaires d'une bonne réussite. L'absence de ce principe a quelquefois occasionné des malentendus regrettables et devient souvent, selon nous, la cause du manque d'accord entre la théorie et la pratique.

Nous citerons, à ce sujet, quelques passages d'une lettre qu'a bien voulu nous adresser un homme, qui, à la suite de longues et laborieuses études sur l'économie du bétail, a cru devoir formuler son opinion dans les lignes suivantes : « Je place l'influence du milieu, nous dit M. J. Kiener jeune, à côté des merveilles promises par le croisement. L'influence du milieu et le croisement des races possèdent quelque chose de mystérieux, chéri du paysan, seul goûté par lui, et auquel nos cultivateurs attribuent des effets qui ne se réalisent jamais. Il faut de la nourriture et des *soins hygiéniques*, tels sont pour moi *les seuls éléments d'amélioration*, »

Nous ne reviendrons pas, pour répondre à notre honorable correspondant, sur tout ce que nous avons dit à propos des influences climatériques et géologiques en nous appuyant sur les opinions de Buffon, de Lamark, de Darvin, etc., dont les travaux nous semblent, contrairement à M Kiener, constituer les progrès les plus admirables dans la science zoologique. Nous nous bornerons à demander à notre estimable contradicteur ce qu'il entend par le mot *hygiène* ?

Suivant M. Becherelle [1] « l'hygiène, c'est la partie de la médecine qui a pour but de faire connaître les conditions de la santé et les moyens qui sont en notre pouvoir pour la conserver. Elle étudie l'homme bien portant considéré, soit isolément, soit dans l'état social ; elle apprend à connaître les choses dont il use ou jouit, et signale l'influence de ses organes ou sur quelques-uns en particulier. »

« *L'hygiène vétérinaire* n'est pas, comme *l'hygiène humaine*, dans l'intérêt des êtres auxquels elle s'applique. Les animaux domestiques, objets de nos soins, vivent pour nous et non pour eux ; nous ne sommes pas obligés de les maintenir dans la plénitude de la santé, si nous avons intérêt à ce qu'ils soient valétudinaires. La vache, grande laitière, sura-

[1] Voy. *Dictionnaire universel de la langue française.*

bondamment nourrie, et qui ne sort jamais de l'étable, jouirait d'une santé beaucoup plus robuste, elle serait moins sujette aux maladies, et vivrait plus longtemps, si elle pâturait au grand air, et si son lait tarissait après chaque nourrissage. En alimentant le mouton, comme il devrait l'être, pour l'entretien d'une santé vigoureuse, on verrait bientôt sa toison perdre en blancheur, en nerf et en finesse. Quant aux bêtes à l'engrais, on doit les considérer comme livrées à un état pathologique qui se terminerait ordinairement par la mort naturelle s'il n'aboutissait pas à la boucherie. Ainsi l'hygiène vétérinaire est l'art d'entretenir pour notre propre intérêt les animaux dont nous sommes propriétaires ; c'est l'art de les gouverner convenablement. Le plus souvent il nous importe de maintenir leur santé pour en obtenir des services ; mais nous l'altérons quelquefois pour en retirer des produits. L'hygiène vétérinaire est encore l'art d'améliorer ces animaux, et nous entendons par là modifier leurs formes, leurs organes, leur naturel, pour les rendre plus féconds, plus utiles, plus agréables. Ces modifications peuvent, par transmission héréditaire, être imprimées à l'espèce : de là résultent les races. »

Telles sont, textuellement, les paroles que nous empruntons au dictionnaire national. La signification du mot hygiène varie donc évidemment suivant son application. Quelquefois ce mot est le synonyme du mot *conservation* sous les rapports de la santé et de la vie ; d'autrefois il indique, au contraire, *l'altération* des forces organiques.

Or, si l'honorable M. Kiener obtient 14 à 15 litres de lait par vache et par jour, comme il le dit, et nous n'avons aucune raison pour ne pas admettre son assertion [1], nous devons nécessairement penser que l'hygiène qu'il applique à son nombreux bétail est plutôt conforme à celle

---

[1] Pour certaines industries, ce n'est pas toujours la quantité du lait qui constitue le bénéfice, mais bien la richesse butyreuse du liquide. D'après de nombreuses expériences faites par Schwertz, par Thaer, par Dombasle, par Scheibler, il a fallu, pour obtenir un kilogramme de beurre des vaches de Hofwyl, 26 litres de lait ; 30 litres des vaches de Glowcostre, 30 litres des vaches de Flandre et enfin 31 litres d'autres vaches suisses, tandis que Dombasle a obtenu 1 kilogramme de beurre de 21 litres de lait.

Nous avons fait la même expérience sur nos vaches qui sont nourries à l'étable pendant la moitié de l'année et qui pendant l'autre moitié fréquentent le pâturage communal. Nous avons obtenu 1 kilogramme de beurre de 22 litres de lait en hiver, et la même quantité, de 18 litres, en été. On sait, du reste, qu'abstrac-

dont on use dans le but d'en retirer des produits que dans celui d'augmenter la force vitale des animaux.

L'hygiène n'est donc, en définitive, que le *milieu artificiel* créé par les soins de l'exploitateur. C'est, on le voit, un mot à double sens que l'on emploie trop souvent sans désigner d'avance le but et la signification.

La négation des diverses influences sur l'organisation et sur les aptitudes des animaux ont dû nécessairement engager notre estimable contradicteur à nous adresser une autre contestation encore à propos de la *région laitière* dont nous avons parlé plus haut.

« Si dans l'ouest et dans le midi de la France nous écrit M. J. Kiener, nos vaches ne sont pas laitières, c'est parce que ces propriétés ont été jusqu'aujourd'hui souverainement négligées. La vache n'y a jamais été considérée que comme nourrice de son veau. Elle y est assujettie au travail des champs. Qu'on plante, comme on le fait déjà dans plusieurs localités de ces régions, plus de fourrages, qu'on fasse moins travailler les bêtes bovines, et tout cela changera, lentement il est vrai, car l'œuvre du temps est difficile à détruire. Les nouvelles méthodes d'assainissement, du drainage, des irrigations ont, du reste, singulièrement facilité ce problème et l'augmentation du rendement laitier, obtenu par M. de Weckherlin sur des vaches hongroises, aussi minime qu'elle soit, en est une preuve incontestable. »

Nous remercions sincèrement notre correspondant de nous avoir fourni l'occasion de rectifier l'importance que le lecteur a dû naturellement attacher à une note empruntée à M. le marquis de Dampierre, et relative à l'entretien des races bovines qui couvrent la partie de la France, comprise entre l'Océan, les frontières d'Espagne et le cours de la Garonne. S'il est vrai que la chaleur ardente et les sécheresses qui en sont les conséquences, empêchent le plus souvent, dans ces contrées méridionales, une abondante production de fourrages, il n'est pas moins vrai, cependant, qu'il y a des exceptions à faire pour certaines contrées et que le manque de fourrage n'est pas à admettre comme règle générale.

tion faite des aptitudes d'une race, la qualité du lait correspond, dans notre région du moins, à la nature des fourrages. Néanmoins, il y a parmi les laitières, quoique appartenant à la même race, vivant dans le même milieu et nourris au même régime, des sujets les uns plus productifs que les autres, ce qui constitue *l'individualité* sur laquelle nous comptons revenir.

En quittant la ligne, que nous avons indiquée sous la dénomination de *région laitière*, et en nous dirigeant vers le Sud-Ouest nous rencontrons d'abord, dans le département de Saône-et-Loire la race *charolaise*, déjà citée sous la dénomination de Durhams de la France. Or le Charolais, selon M. Chamard, repose sous un climat doux, plutôt humide que sec, et sur un sol particulièrement favorable à la végétation des trèfles et des graminées de premier ordre ; les ondulations du terrain, l'abondance et la richesse des eaux ont permis d'établir, jusque sur le sommet des côteaux, des herbages qui ne le cèdent à ceux de la Normandie que sous le rapport de la quantité. « C'est dans ces conditions extrêmement avantageuses que la race charolaise a acquis depuis des siècles, dit M. Chamard, les caractères qui la distingue. »

D'un autre côté, M. de Lavergne nous apprend dans son beau travail sur l'agriculture et la population, « qu'au point où ils sont aujourd'hui parvenus, grâce à des soins intelligents et persévérants, les charolais, élevés exclusivement pour la boucherie, serrent de près les races anglaises. De tous les animaux d'origine française présents à l'exposition universelle de 1855, ceux-là, selon M. de Lavergne, s'approchaient le plus du type idéal des races de boucherie. »

Ce ne sont donc ni les soins ni les fourrages qui manquent au *Charolais* et néanmoins l'aptitude laitière n'a pu être développée au point de pouvoir donner lieu à des spéculations basées sur ce produit. Leur aptitude laitière, dit M. Sanson [1], est cependant plus que suffisante pour subvenir largement à l'élevage des veaux. Au moment de leur plus grande lactation, ces bêtes ne donnent, dans le Nivernais, communément que de 9 à 10 litres de lait par jour.

En nous rapprochant maintenant du Midi, nous ne trouvons plus qu'une seule race dont la production laitière ait quelque importance. Nous allons voir que la population auvergnoise sait parfaitement tirer parti de cette aptitude.

« Propre au département du Cantal, dit M. Magne, la race de Salers tire son nom d'une petite ville située dans l'arrondissement de Mauriac. Elle s'est produite sur quelques plateaux volcaniques dont la fertilité s'explique par leur grande altitude et par la composition chimique du sol. Les sommets du Cantal sont assez froids, en raison de leur élévation (1,857 mètres) pour *condenser les vapeurs de l'atmosphère*.

[1] Voyez le *Livre de la ferme*.

En été, ils sont souvent voilés par *d'épais brouillards* et presque tous les matins couverts d'une *abondante rosée*; la terre qui les constitue présente les nombreux éléments chimiques qui entrent dans la composition des roches volcaniques recouverts par une forte couche de terreau qui est le produit de plusieurs siècles de végétation. De ces deux circonstances résulte la grande fécondité qui permet à des montagnes peu étendues de fournir, indéfiniment et sans s'épuiser, des bestiaux à une grande partie de la France.

« Comme le pays qui le produit, le bétail de Salers est un. Quoiqu'il se répande des plateaux, où il est né, dans toutes les directions, il ne forme pas de sous-race proprement dite. Les innombrables troupeaux qui émigrent des foires d'Auvergne, d'Aurillac, de Fontanes, de Mauriac, de Salers, se dispersent, croisent accidentellement les races de l'Allier, de la Creuse, du Limousin, de l'Angoumois, du Quercy, du Rouergue, du Languedoc, mais sans former race. »

La moyenne du produit laiteux de cette race peut être estimée, selon M. le marquis de Dampierre, à 10 ou 12 litres, et il n'est pas de vacherie qui ne renferme deux ou trois vaches donnant à peu près 25 litres [1]. La laiterie, du reste, est la première ressource de l'agriculture pastorale de l'Auvergne, et ses fromages renommés, produisent un revenu considérable.

« En effet, la race dont il s'agit, dit à son tour M. Sanson, est sans contredit celle qui *réunit à la fois au plus haut degré* les trois aptitudes de l'espèce bovine, et aussi la seule qui soit exploitée en même temps pour la triple destination qu'elles permettent. Pour avoir été de beaucoup exagéré par des partisans enthousiastes, qui sont allés, dans leur irréflexion, jusqu'à préconiser le type de Salers comme agent universel d'amélioration de nos races françaises, en concurrence avec les Durham, il n'en est pas moins vrai que cette faculté mixte est assez *remarquable*. »

Est-il, maintenant, nécessaire d'établir une comparaison entre les conditions climatologiques des montagnes de l'Auvergne et celles de la Suisse, entre les terres humides conquises sur la mer du Nord et celle du Cantal, souvent voilées par d'épais brouillards et plus souvent encore couvertes d'abondantes rosées ? — Et cette comparaison serait-elle indispensable pour soutenir cette thèse qu'il faut, avant tout, rapporter

---

[1] Ces vacheries renferment généralement de 30 à 100 bêtes.

les aptitudes lactifères aux vapeurs d'eau contenues en plus ou moins grande quantité dans l'atmosphère ?

En dehors de la ligne que nous avons tracée, nous ne trouvons donc, sur ces vastes territoires du Midi et de l'Ouest, qu'un seul point dont les conditions sont plus ou moins identiques à celles de la ligne en question, nous sommes donc d'autant moins surpris d'y retrouver les mêmes aptitudes que les tentatives faites, dans le but de les propager dans les départements voisins, sont restées infructueuses et que, selon l'heureuse expression de M. Magne, « *Le bétail de Salers est un, comme le pays qui le produit.* »

Au reste, M. Sanson lui-même a établi, dans le *Livre de la ferme*, deux catégories distinctes : les races travailleuses et les races laitières. Dans la première catégorie nous trouvons la race gasconne, la béarnaise, la bazadaise, celle d'Aubrac, la garonnaise, celle de Salers, la parthénaise, la charolaise, la mancelle, celle de la Camargue, et enfin la race de l'Algérie. Dans la catégorie des *laitières* nous voyons d'abord la race flamande, la normande, la bretonne, la comtoise, et ensuite celles du Nord-Est.

Cette division nous semble donc confirmer implicitement l'opinion que nous avons émise au sujet de la région laitière ? — Il est certain, du reste, qu'avec une nourriture abondante on parvient facilement à engraisser le bétail du midi et de l'ouest de la France, de l'Italie, de la Hongrie et de tout l'Orient, mais que, dans toutes ces régions, les vaches refusent les mamelles aux veaux, au bout de quelques semaines d'allaitement. Notre honorable contradicteur, M. J. Kiener, attribue cette dernière circonstance au manque de fourrage, au travail des animaux et à la négligence des populations. C'est là évidemment une opinion toute hypothétique difficile à combattre comme toute espèce d'hypothèses ; et qui devient d'autant plus difficile que notre adversaire invoque une expérimentation qui, pour arriver à une solution, ne demanderait pas moins qu'une durée de quelques siècles.

D'ailleurs, dans toutes les parties du globe, l'intelligence humaine est parvenue à utiliser les animaux, à les approprier aux besoins des populations et à développer, à leur profit, les aptitudes les plus susceptibles de perfectionnement. Nous venons de voir, que dans le Cantal, qui est *un* comme son bétail, les populations ont su parfaitement tirer parti du privilège qu'elles doivent à l'altitude de leurs montagnes, altitude qui permet aux vapeurs d'eau, contenues dans l'atmosphère, de se condenser facilement et de produire ainsi cette température humide si avantageuse au développement des plantes et des animaux. Le Cantal semble donc être placé, par la nature, au milieu de cette immense région dont le bétail n'est propre qu'au travail et à l'engraissement, pour nous servir d'enseignement et pour nous apprendre à connaître les conditions nécessaires à la sécrétion laiteuse.

Toutefois, nous ne contestons pas, que dans le centre et dans le midi de la France, on n'obtiendrait pas une amélioration notable dans le bétail par l'extension des irrigations, par plus de soins que l'on accorderait aux prairies et aux pacages, généralement trop abandonnés aux herbes parasites et aux eaux croupissantes. Nous pensons, au contraire, qu'en étendant la culture des racines, qu'en réduisant le plus possible aux meilleures terres celle des céréales, qu'en diminuant le travail des bêtes, qu'en mieux nourrissant les élèves dans le jeune âge et en les faisant moins vieillir sous le joug, on parviendrait à doubler et même à tripler la production de la viande. Mais tous ces perfectionnements sont déjà entroduits, par exemple, dans les trois départements de la Haute-Vienne, de la Creuze et de la Corrèze qui ne renferment pas moins de 400,000 têtes de gros bétail et qui envoient, annuellement, plus de 20,000 bœufs sur les marchés de Paris. Et néanmoins, cette race vigoureuse, si apte à l'engraissement, et connue sous la dénomination de race limousine, n'a pas augmenté ses qualités lactifères.

Et pourtant, le Limousin est montagneux comme l'Auvergne, d'innombrables sources y arrosent les excellentes prairies des bas-fonds, et la terre s'y prête admirablement à la culture des racines et des herbages ; mais, ses montagnes sont moins élevées que celles d'Auvergne, l'air y est moins vif, le climat moins humide ; sur les hauteurs, le sol est moins propre à la végétation prairiale, les rosées y sont moins fréquentes et les brouillards plus rares. Cette différence du climat, du sol, de l'atmosphère, aussi minime qu'elle soit, était donc suffisante pour se manifester par la différence des aptitudes des races bovines.

Pour donner maintenant des termes plus précis encore à la thèse que nous soutenons, nous dirons, que nous conviendrons volontiers que dans les régions de l'Orient et de l'Occident, l'aptitude laiteuse des races bovines serait susceptible d'être perfectionnée par un trayage fréquent, par une nourriture succulente, par une stabulation absolue et enfin, par toutes sortes de soins minutieux ; mais, ce que nous contestons, c'est la possibilité d'en faire des races éminemment laitières, donnant dé 15 à 30 litres de lait après le velage , comme les laitières des Iles-Britanniques , de la Hollande, des départements du Nord et de la Suisse.

Un mot encore à propos de la race de Salers si *remarquable* , selon M. Sanson et que des partisans enthousiastes ont proposée comme agent universel d'amélioration des races françaises. Nous voyons cet intéressant bétail, occuper un groupe de montagnes et y contribuer puissamment à l'entretien des populations, par sa triple aptitude au travail , à l'engraissement et au rendement laiteux. Nous y voyons encore, des foires d'Auvergne, d'Aurillac, de Fontanes d'innombrables troupeaux émigrer vers les départements de la Creuse , du Limousin , du Languedoc, où l'on exploite leur triple qualité , et d'où on les expédie , après les avoir engraissés, sur les marchés de la capitale. La proposition de propager au loin une race si précieuse par ses aptitudes , semble donc , au premier moment être conforme à la raison et rien dans les tentatives faites en ce sens, ne paraît porter l'empreinte de l'exagération ou d'un enthousiasme irréfléchi. Malheureusement , tous les efforts humains faits dans le but d'effectuer cette propagation ont échoué contre l'obstination de ces bêtes qui refusent absolument de former sous-race et de transmettre à leurs descendants les qualités qui les distinguent, dès le moment qu'elles ont quitté le sol qui les a produites.

Ne faut-il pas, maintenant, déduire de cette circonstance que la *transmission héréditaire* des aptitudes , dont on fait si grand cas en zootechnie , n'est possible que lorsque les conditions climatériques sont concordantes ou homogènes [1] ?

Ce ne sont donc , ni l'homme , ni le hazard , ni les combinaisons qui

---

[1] Nous n'entendons parler ici que de la transmission héréditaire des caractères généraux d'une race et non des qualités individuelles Pour propager les qualités individuelles le seul moyen consiste, bien certainement , dans la sélection qui peut même obliger quelquefois l'éleveur d'avoir recours à la consanguinité. Dans ce cas , la consanguinité peut produire tout aussi bien d'excellents résultats que de mauvais. « La consanguinité, dit M. Sanson, élève l'hérédité à sa plus haute puissance et s'il en résulte du mal , c'est parce que la sélection n'a pas été suffisante. » Cette opinion nous paraît rationnelle pourvu que l'on considère la consanguinité comme moyen exceptionnel, destiné à compléter la sélection dans des cas très-rares. La sélection n'est , en effet , autre chose que la continuation de la consanguinité pratiquée sur des individus provenant de la même souche, mais n'offrant plus, entre eux, que des degrés éloignés de parenté. La race de Salers nous offre donc l'exemple le plus éclatant de la nécessité de la sélection et de

parviendront jamais à créer des races : l'homme a une action puissante et incontestable, nous l'avons démontré plus haut, mais aussi puissante que soit cette action sur le développement de certaines aptitudes ou sur la modification d'autres qualités, elle est, néanmoins, incapable de lutter heureusement, quand les éléments du climat et du sol s'y opposent. L'homme lui-même est impérieusement sujet à ces conditions : la diversité dans les caractères, dans les tempéraments, et même dans la conformation extérieure des nations qui peuplent les diverses parties du globe, en est évidemment une preuve irréfutable.

S'il n'en était pas ainsi, nous ne comprendrions pas les mécomptes que notre honorable correspondant a éprouvés par le croisement de son bétail, croisement qu'il qualifie lui-même de « merveille promise mais dont la réalisation est impossible. » — Et pourquoi donc serait-elle impossible, si l'hygiène que l'homme peut diriger, si une nourriture abondante qu'il peut se procurer, étaient les seuls éléments d'amélioration ?

C'est qu'avec l'hygiène, on peut modifier, perfectionner, ou altérer, selon que notre intérêt le réclame, les *aptitudes* des animaux, mais, à coup sûr, on ne peut les créer.

Or, en désignant la région laitière, en disant que l'aptitude à une grande production de lait est réservée à de certaines contrées tempérées et humides, nous n'avons rien inventé, nous avons constaté un fait provenant, selon nous, des circonstances ambiantes et non pas de l'hérédité. Est-ce à dire, qu'on ne peut développer cette aptitude dans ces régions mêmes ? que le choix des sujets n'est pas nécessaire ? que la nature de la nourriture est sans importance ? — Assurément, ce serait nous prêter une opinion étrange bien contraire à notre intention.

Après les questions théoriques, notre honorable correspondant, veut bien nous conduire sur le terrain de la pratique. Si le croisement n'a pas produit jusqu'à présent les résultats auxquels on s'était attendu, il lui semble néanmoins qu'il ne faudrait pas y renoncer entièrement. Ce que M. Kiener voudrait détruire, chez toutes nos races indistinctement, c'est le squelette si défectueux. A ce sujet, il dit avec raison,

l'impossibilité du croisement qui aurait pour but la régénération d'une race. Du reste, une race nous semble ne pouvoir dégénérer que lorsqu'elle est emprisonnée par l'homme qui néglige la sélection artificielle. Dans sa liberté, la pureté de la race se maintient évidemment par la sélection naturelle.

que la réduction de la charpente osseuse et un plus grand développement des parties charnues du corps de l'animal, devrait être le point commun à poursuivre par les éleveurs de notre province. Le meilleur moyen pour atteindre ce but, sans enlever les caractères qu'il importe de conserver aux races locales, lui semble être le croisement avec des animaux, à peu près similaires de conformation mais exempts des défauts qui sont les conséquences d'une ossature trop puissante. Il est désormais prouvé, ajoute-il, par de nombreuses expériences, que l'on peut développer, arrondir les masses musculaires de l'animal par le régime alimentaire, mais que le squelette reste constamment réfractaire à ces procédés. Il faudrait donc, selon l'opinion de M. Kiener, attaquer ces défauts par une force égale mais contraire, c'est-à-dire, par l'immixtion dans la race d'un sang étranger. La race des Vosges lui semble être la plus convenable à cet effet, à cause de sa conformation qui se rapproche de celle des Durham; on aurait ainsi le remède à sa porte [1].

On le voit, c'est sous toutes les formes que se présente, chez nos éleveurs alsaciens, l'idée d'améliorer le bétail indigène par le croisement. Autrefois, c'était en choisissant des races rien moins qu'homogènes, aujourd'hui c'est en recherchant celles plus ou moins similaires. Nous ne pouvons prévoir les résultats que l'on obtiendra par ce dernier procédé, cependant, ne faut-il pas, une bonne fois, se demander sérieusement, si, à l'aide des croisements continus, on peut espérer d'obtenir un jour cette stabilité, cette constance, cette homogénéité qui caractérise si bien les races du bétail anglais, hollandais et suisse, et, s'il ne vaudrait pas mieux s'occuper du choix des reproducteurs indigènes, que de voir nos éleveurs les plus intelligents se diviser indéfiniment sur

---

[1] Selon le *Livre de la ferme* on ne rencontrerait plus guère la race des Vosges qu'au centre des montagnes du pays et dans les points les plus élevés. Plus bas, dans les vallées, le désir de lui faire acquérir de la taille aurait donné lieu à des croisements de toutes sortes, qui l'ont fait disparaître. Il n'y aurait plus que des métis suisses et comtois, un mélange sans nom d'individus et sans caractères précis. Comme toutes les races de sites élevés, celle des Vosges est nerveuse, agile et sobre. Excellente travailleuse, elle s'engraisse bien en donnant une viande de très-bon goût. Si son aptitude laitière est, par rapport à sa taille, fort remarquable; par contre, ses formes seraient mauvaises et son poids peu considérable.

On le voit, le *Livre de la ferme* n'est pas très-d'accord avec notre honorable correspondant.

la question de savoir s'il convient mieux de s'adresser à la Suisse ou à
l'Angleterre, à la Hollande ou aux Vosges pour faire disparaître dans
notre bétail indigène les imperfections de formes que nous avons à lui
reprocher.

Tels sont, à peu près, les points les plus saillants qui divisent notre
opinion de celle de notre correspondant de la vallée de Munster. La
vallée de Munster, on le sait, est l'une des contrées de l'Alsace où
l'économie du bétail forme la branche principale des exploitations agricoles, et, à ce titre seul, les observations qui nous sont arrivées de ce
côté, devaient nécessairement fixer notre attention. Nous n'avons donc
pas hésité d'interrompre le cours de ce travail pour répondre à M. Kiener,
jeune, comme nous répondrons, du reste, à tout autre cultivateur de
l'Alsace qui jugerait à propos de nous communiquer ses idées relatives
à une question qui intéresse à un si haut degré la fortune agricole de
notre province.

VII.

SOMMAIRE : DU TRAVAIL COMPARÉ DU BŒUF ET DU CHEVAL. — LA PLAINE ET LES
DISTRICTS MONTAGNEUX. — OPINION DE M. A. SANSON SUR LE BÉTAIL D'ALSACE. —
LE CAFÉ AU LAIT. — UN SINGULIER PRÉJUGÉ. — STATISTIQUE DES ATTELAGES
RURAUX DU DÉPARTEMENT DU BAS-RHIN. — DIVERSITÉ DES BESOINS AGRICOLES EN
ALSACE. — LA RACE FRIBOURGEOISE ET LES RACES HOLLANDAISES.

Les questions qui se rattachent à l'économie rurale donnent le plus
souvent lieu aux malentendus dont nous avons déjà parlé plus haut.
L'agriculture, a-t-on dit souvent, est une industrie ou une science locale
qui ne supporte point de règles absolues. Cette assertion même nous
semble provenir d'un malentendu car, s'il est vrai que les procédés de
culture varient, non-seulement de province à province, mais souvent
de village à village, il n'est pas moins certain que des principes généraux
sont indispensables lorsqu'il s'agit d'édifier une science quelconque.

Ce qu'il y a généralement de très-difficile, ce n'est pas d'établir ces
principes généraux, nous les trouvons dans les études physiologiques
des divers règnes de la nature, mais d'en fixer les limites, et de savoir
en faire une application judicieuse dans la culture des terres comme
dans l'entretien des animaux domestiques.

Il en est ainsi, nous l'avons vu, de l'hygiène humaine et de l'hygiène vétérinaire; il en est de même quand il s'agit d'amélioration des races bovines et la même difficulté de s'entendre se présente quand il est question du travail comparé du bœuf et du cheval. C'est ainsi que bon nombre d'agriculteurs ont recommandé le travail du bœuf et des vaches et ont établi, par des chiffres, les avantages et les bénéfices qui en résultent, tandis que d'autres agronomes le considèrent comme une grande calamité dont l'agriculture moderne devrait, à tout prix, s'en défendre, et l'envisagent même comme l'expression d'une culture en souffrance, d'autant plus déplorable qu'il absorbe le temps du conducteur qui s'habitue souvent à la lenteur de ses animaux.

Ce qui est certain, c'est que le travail exécuté par la race bovine serait une mauvaise spéculation là où la rapidité constitue un besoin impérieux : le propriétaire qui a de grandes étendues de terre à faire sillonner par la charrue, qui a d'immenses quantités d'engrais à faire transporter sur de vastes champs et des récoltes, encore plus considérables, à faire conduire sur des marchés éloignés, celui-ci trouvera, à coup sûr, un avantage réel en se servant de chevaux plutôt que de bœufs.

Cependant, la démarche du cheval, lorsqu'il est attelé à une lourde charge, n'est pas toujours plus rapide que celle d'un bœuf bien constitué et d'une nature vigoureuse. Le temps gagné par le cheval consiste, le plus souvent, plutôt dans la rapidité avec laquelle celui-ci est à même de se rendre sur l'emplacement où le travail doit avoir lieu ou à le quitter. Nous citerons, à ce sujet, une expérimentation très-intéressante et bien connue dans le monde agricole mais ignorée peut-être par un certain nombre de nos lecteurs.

En 1857, on avait chargé, à la suite d'un pari, près de Valenciennes, deux voitures chacune de 5,000 kil. de betteraves ; l'une des voitures fut attelée de bœufs, l'autre de chevaux à nombre égal. La distance à parcourir était de 22 kilomètres. Or, les bœufs n'arrivèrent que six minutes après les chevaux mais ceux-ci étaient harassés de fatigue et couverts de sueur, tandis que les bœufs ne portaient aucun signe extérieur de fatigue et auraient pu, facilement, faire quelques kilomètres de plus. Le petit retard fut attribué par les bouviers au grand nombre de spectateurs qui assistaient au départ des attelages et dont la présence avait effarouché les lutteurs cornés.

Quelle que soit l'importance que l'on pourrait attacher à cette expérimentation, ce sera toujours un fait bien avéré que le cheval se rébute

facilemeut devant les obstacles , que son travail est plus ou moins inégal,
que ses efforts sont dangereux , tandis que la patience du bœuf est inal-
térable et sa force supérieure à celle du cheval. C'est donc évidemment à
ces qualités qu'il faut rapporter la préférence que l'on donne aux bœufs
dans les régions montagneuses , où les chemins sont, généralement,
dans un état déplorable.

En Alsace , l'attelage des vaches est tout aussi usité que l'attelage des
bœufs. Moins lourde que ces derniers , la vache est plus agile et avance
plus vite. Quand son travail est modéré , son rendement en lait procure
une précieuse ressource au petit cultivateur , surtout dans notre province
où 200,000 familles se partagent un domaine agricole qui ne dépasse
pas 500,000 hectares. Il y a une trentaine d'années l'Alsace possédait
encore de nombreux petits chevaux qui alors rendaient d'éminents services aux cultivateurs. Ces chevaux étaient robustes et sobres , durs au
travail et atteignaient un âge fort avancé ; on les élevait surtout au
pied des montagnes où de vastes terrains communaux leur servaient de
pâturages.

Avec la suppression de ces pâturages , suppression dont nous n'avons
pas à apprécier ici ni les inconvénients ni les avantages, le prix des
chevaux a considérablement augmenté. En 1840 , la moyenne du prix
du cheval indigène était de 150 fr. tandis qu'aujourd'hui , M. Zundel
l'évalue à 350 fr. [1].

Cette circonstance explique suffisamment la nécessité dans laquelle se
trouve le petit cultivateur d'avoir recours à l'attelage des bêtes bovines.
Le travail , occupant ainsi une place tout aussi importante que la production du lait, il en résulte une différence notable dans les soins que le
cultivateur accorde à son bétail qui , pour supporter ses travaux, a ,
avant tout, besoin de santé et de vigueur.

Le cultivateur de la plaine , par exemple, qui met ses bêtes bovines
au joug , ne s'occupe pas et ignore même les procédés dont nous avons
parlé plus haut à propos de la spécialisation. Il construit ses étables
selon ses moyens et selon l'emplacement dont il dispose. Si l'on peut
reprocher à nos montagnards d'entretenir , dans leurs étables , une
température trop élevée, on peut accuser par contre, les cultivateurs

[1] Voyez le rapport précité de M. Zundel sur l'industrie chevaline dans le Haut-
Rhin.

de la plaine d'exposer trop imprudemment leur bétail au froid de l'hiver.

En effet, sur dix étables que l'on visite on en trouverait quatre ou cinq dont les murs, composés de simples cloisons, sont crevassés, dont les portes mal closes restent souvent ouvertes pendant la nuit et enfin, dont les cuvertures destinées à donner accès au jour, ne sont garnies que de quelques vitres cassées.

Le paysan qui dispense du travail ses bêtes bovines n'est guère plus soigneux. La production des engrais semble être pour lui le but principal et la production du lait n'occupe qu'un rang secondaire.

Aussi déplorable que soit cette négligence sous le rapport économique, elle a néanmoins un résultat qui mérite d'être apprécié et qui fait complètement défaut dans les établissements des engraisseurs ainsi que là où l'industrie fromagère domine.

Ce résultat, c'est celui d'obtenir des animaux habitués à toutes les intempéries et par conséquent forts et robustes. D'un autre côté, ces animaux sont d'excellents reproducteurs, qualité qui manque généralement à ceux qui sont élevés exclusivement dans le but de servir à la boucherie ou à la laiterie.

Maintenant, si le lecteur veut bien se rappeler la description de certaines étables flamandes, description que nous avons empruntée à M. le baron Peers, s'il veut se souvenir de ces logements à température suffoquante et délétère, de ces fabriques de chairs hermétiquement fermées à l'aide de bouse de vaches et dans lesquelles le jour et l'air ne pénètrent que rarement; si le lecteur, disons-nous, veut bien comparer l'existence de ces animaux avec celle des animaux de nos paysans, il se fera facilement une idée exacte des deux extrêmes et comprendra, plus facilement encore, que si dans l'intérêt de l'alimentation publique ces *fabriques de chair* sont indispensables, il n'est pas moins nécessaire d'appliquer, dans d'autres contrées, des procédés contraires qui favorisent la reproduction et par conséquent l'élevage [1].

---

[1] On pourrait atteindre le même but sans la négligence des paysans que nous venons de signaler. Nous l'avons signalée principalement pour démontrer que la multiplication des animaux et la production des viandes de boucherie exigent des procédés différents que l'on confond généralement. La même raison nous avait engagé à dire plus haut, que pour maintenir l'équilibre entre les bêtes qui naissent et celles qui sont livrées à la consommation, il est nécessaire de se faire une idée exacte de la spécialisation.

Dans nos plaines, en effet, il est rare de trouver une étable qui ne renferme quelques élèves; ces élèves sont destinés ou à remplacer les sujets trop âgés ou à alimenter les marchés publics; ils sont généralement achetés par des marchands israélites, qui vont les chercher dans les villages et qui les revendent aux habitants des vignobles, aux montagnards qui s'adonnent à l'industrie fromagère ou à la boucherie.

Ce trafic est assez considérable dans nos campagnes et c'est lui qui semble principalement avoir inspiré à M. A. Sanson l'appréciation suivante du bétail alsacien.

« L'Alsace, dit M. Sanson dans le *Livre de la ferme*, est un pays de petite culture, principalement industrielle. Il n'y a guère de contrée en France dont le bétail soit plus hétérogène. Le paysan alsacien n'a en général guère d'autre fortune que sa vache, qui lui est vendue par le marchand juif, lequel, pourrait-on dire, continue néanmoins de l'exploiter et d'en tirer parti à son profit. La plupart des animaux de l'espèce bovine, en Alsace, sont donc *assez misérables*. Ce n'est que dans les parties de la province où se montrent quelques moyennes exploitations, que les vaches et les bœufs ont une certaine valeur. Le gros de la population est composé de métis de petite taille, venant des Vosges et introduits par les maquignons juifs. Dans le Haut-Rhin la race fribourgeoise domine, dans le Bas-Rhin, ce sont les métis. Les comices de Strasbourg et de Schlestadt introduisent depuis longtemps des taureaux du Simmenthal, qui impriment de plus en plus le cachet de leur race aux métis produits dans les plaines de ces deux circonscriptions. Plus bas vers la frontière de la Bavière rhénane, c'est la race du Glane qui est entretenue.

« En Alsace, dit encore M. Sanson, la consommation du lait est fort importante. On peut dire que le café au lait y forme la base de l'alimentation des plus pauvres ménages, et qu'il est un besoin habituel pour les plus riches. Les comices qui poursuivent *l'acclimatation* de la race fribourgeoise choisie dans son plus beau type du Simmenthal, sont donc dans la bonne voie [1]. Il ne leur reste qu'à amener en même temps les cultivateurs alsaciens à mieux nourrir les vaches et leurs produits, et à

[1] M. Sanson est l'un des zootechniciens qui combattent, nous l'avons déjà fait remarquer, avec le plus d'ardeur le système du croisement des races, et nous l'en félicitons. Nous ne pouvons donc nous expliquer la substitution du mot *acclimatation* à celui de *croisement* qui, seul, semble être le but de nos comices agricoles. Acclimater des animaux, c'est les accoutumer à la température et aux

se garder du maquignon juif qui guette toujours la venue du veau pour l'acheter à vil prix à peine né. Là comme ailleurs on ne songe pas assez que le bétail s'améliore avant tout par l'alimentation [1]. »

Telle est l'appréciation que nous transcrivons textuellement d'un ouvrage qui est peut-être le plus complet et le plus important qui ait paru sur les races bovines de la France. Nous regrettons sincèrement d'avoir eu à enregistrer une opinion si peu favorable à l'état du bétail de notre province ; nous le regrettons d'autant plus que cette appréciation renferme, à part quelques questions théoriques évidemment contradictoires, bien des vérités qu'il est impossible de contredire.

Cependant, en mettant de côté tout esprit de clocher, toute espèce d'amour-propre que pourrait nous inspirer l'attachement que nous portons à notre pays natal, nous serons en droit de dire à l'éminent zootechnicien, dont nous venons d'enregistrer l'opinion, que la critique est quelquefois aisée mais que les conseils efficaces sont souvent difficiles à donner. En effet, la voie que l'on nous propose de suivre, c'est-à-dire d'acclimater chez nous la race fribourgeoise nous semble être une entreprise à la fois très-longue et très-incertaine et surtout peu conforme aux besoins de notre population agricole.

Mais, avant de nous occuper de la nature de ces besoins, constatons le singulier préjugé sous l'influence duquel certains auteurs de la capitale

influences d'un nouveau climat, tandis que le métissage ou le croisement consiste dans l'accouplement d'animaux de races différentes pour en obtenir des produits qui réunissent à la fois les qualités du père et celles de la mère, c'est donc évidemment dans ce dernier but que les comices de Strasbourg et de Schlestadt introduisent tantôt des taureaux suisses, tantôt des taureaux hollandais dans le Bas-Rhin, et qui produisent ainsi ce bétail hétérogène dont parle l'auteur que nous venons de citer.

[1] M. Sanson constate à la fois 1° que le lait forme en Alsace la base de l'alimentation des habitants ; 2° que l'espèce bovine y est assez misérable ; 3° que l'on ne songe pas assez que le bétail s'améliore avant tout par l'alimentation. Ce n'est donc pas, comme on le dit souvent, à l'abondance du régime alimentaire qu'il faut attribuer la grande quantité de lait que l'on obtient en Alsace et qui, selon M. Sanson, serait suffisante pour former la base de l'alimentation publique. Ce régime étant, nous en convenons, très-négligé dans les plaines d'Alsace, il faut chercher nécessairement ailleurs que dans l'alimentation les causes du développement des aptitudes laiteuses, nécessaires pour produire cette grande quantité de lait, laquelle, suivant M. Sanson, serait indispensable à la population alsacienne.

traitent les questions économiques rélatives à notre province. Ce préjugé semble devoir son origine, il faut bien le dire, d'abord à ces nombreuses petites mendiantes allemandes qui autrefois vendaient des balais de bois dans les rues de Paris et qui y étaient connues sous la dénomination d'Alsaciennes, et ensuite, à ces caravanes d'émigrants allemands qui traversent la France pour se rendre en Amérique. Ce sont évidemment ces circonstances qui ont fait dire un jour à l'un des économistes les plus distingués [1] que *l'émigration est le seul remède sérieux à l'agriculture alsacienne.*

A son tour, M. Sanson nous fait savoir, à notre grande surprise que le paysan alsacien n'a en général guère *d'autre fortune que sa vache*, qui lui est vendue par le marchand juif qui *continue de l'exploiter.*

Or, on ne compte, dans le Bas-Rhin seulement, pas moins de trente-six mille deux cent quatorze chevaux employés à la culture des terres et qui se partagent entre eux dix-sept mille trois cent soixante-quatre attelages. On compte, en outre, vingt-quatre mille huit cent quatre-vingt-trois vaches également employées aux travaux des champs et qui se partagent douze mille cinq cent soixante-sept attelages, et enfin, nous y trouvons douze mille quatre-vingt-six bœufs desservant six mille deux cent neuf attelages.

Ce qui fait, d'après la statistique officielle, pour le Bas-Rhin un total de trente-six mille deux cent quatorze chevaux et presque tout autant de bêtes bovines employées au trait [2]. Ajoutons encore, que de tous les quinze départements qui composent la région Nord-Est, le Bas-Rhin et le Haut-Rhin sont les plus petits en surface mais que leurs recettes publiques comptent parmi les plus élevées.

Ces renseignements seront, sans doute, suffisants pour démontrer à M. Sanson, que l'Alsace est l'une des provinces les plus importantes et les plus riches de la région que nous venons de désigner. Si son bétail est malheureusement composé de métis, c'est-à-dire, d'un assemblage confus de toutes les races possibles, cela provient en partie de la diversité de ses cultures et de ses besoins, mais plus encore de ce que de tout temps, on avait enseigné à ses populations agricoles que le

---

[1] Voy. *Economie rurale de la France*, par L. DE LAVERGNE, 2e édition, p. 159

[2] Le nombre total des bêtes bovines, dans le Bas-Rhin, monte à 176,486 têtes.

croisement ou le métissage était le plus sûr procédé pour perfectionner les races.

D'un autre côté, le perfectionnement des races présente en Alsace peut-être plus de difficultés que partout ailleurs. Le tiers environ de sa surface est couvert de magnifiques forêts dont l'exploitation, sur des chemins rocheux et souvent humides, exige des bœufs forts et vigoureux, tandis que son riche vignoble, qui s'étend le long des versants orientaux des Vosges, et dans lequel les travaux s'exécutent principalement à bras, recherche, à la fois, la vache laitière et travailleuse. Dans cette contrée, surtout depuis la suppression de ses anciens pâturages communaux, le cheval est devenu, comme nous venons de le faire remarquer, presqu'un objet de luxe, et c'est la vache qui, aujourd'hui, conduit les engrais, qui ramène les récoltes et qui traîne au dehors les lourds et gigantesques échalas que ses vignes réclament.

Par contre et du côté de la plaine qui se divise en deux parties distinctes, l'une plus fertile que l'autre, les chevaux sont plus recherchés pour le trait que les bêtes bovines; les terrains y sont moins chers, les propriétés rurales plus étendues; à certaines époques de l'année les travaux y sont plus pressés et enfin, l'élève du cheval y est plus facile.

Quand les communes rurales sont éloignées d'un grand centre de population, le lait n'a généralement, pour le cultivateur de la plaine, d'autre valeur que celle de servir à l'alimentation du personnel et à l'élevage du jeune bétail qui compose l'exploitation [1]. Il en résulte très-souvent que le motif principal de l'entretien des bêtes à cornes se réduit à la production des engrais, ce qui a fait dire nécessairement à certains cultivateurs de ces contrées qui, soit par négligence soit par ignorance, ne savent pas tirer parti de leur étable, que l'entretien du bétail est *un mal nécessaire*.

Nous comprendrions facilement que la même opinion ait pu s'accréditer dans quelques exploitations dont les propriétaires ont éprouvé des pertes, soit par des épizooties, soit par toute autre cause, mais ce que

---

[1] Dans la population de la campagne, l'usage du café au lait, quoiqu'en dise M. Sanson, est très-peu répandu ; le paysan alsacien, selon MM. Oppermann et de Dartein se nourrit copieusement, le laitage, la pomme de terre, la viande de porc dans la semaine et le bœuf le dimanche, constituent, avec les choux et les navets fermentés, ses repas habituels. La crème est employée à la confection du beurre et le petit-lait à l'engraissement des porcs.

nous trouvons étrange, c'est que l'opinion en question se soit également produite dans une *Société d'agriculture* de notre province qui publie les comptes-rendus de ses séances et dans lesquels nous trouvons, sans être suivies d'une contestation quelconque, les lignes suivantes :

« ..... La tenue des étables est une nécessité *onéreuse* dans une ferme
« en vue de la production du fumier ; les étables ne donnent jamais de
« bénéfice, et les cultivateurs sont bien heureux lorsque leur compte de
« bestiaux ne fait pas ressortir une perte. »

Nous nous réservons de combattre cette regrettable doctrine dans le chapitre suivant.

En récapitulant maintenant les divers besoins qui résultent, comme nous l'avons fait remarquer, de la configuration et des produits du sol, nous voyons la partie boisée et le plus souvent montueuse, réclamer un bétail dont la charpente osseuse soit solide et capable de résister à des travaux rudes et dangereux; nous voyons le vignoble avoir recours aux aptitudes du travail et du lait, ne s'occupant ni à faire des élèves ni de l'engraissement ; nous voyons les plaines où le travail et la production des engrais dominent mais qui produisent des élèves et enfin nous voyons sur certaines hauteurs, où les forêts ont plus ou moins disparu pour faire place à des prairies, les populations s'adonner à l'industrie fromagère et acheter aux marchés les vaches adultes qu'elles exploitent jusqu'au moment où le lait disparaît pour faire place à la graisse.

L'engraissement ne joue donc pas, comme en Angleterre, et dans certaines parties de la France, un rôle important dans notre province, si ce n'est dans les vallées situées à l'entrée de la chaîne des Vosges.

« C'est dans ces vallées que règne la praticulture par excellence. A côté de champs d'une fertilité médiocre, souvent stériles, s'étend la plantureuse végétation des herbages. Les eaux pluviales et de source, rapidement entraînées par la déclivité du sol, déterminent la formation d'un ruisseau entre chaque séparation de montagne; le filet d'eau est retenu et détourné pour en arroser les flancs avant qu'on le laisse descendre au fond du vallon et entretenir la fraîcheur de la nappe verdoyante qui s'y déploie. Le montagnard utilise ainsi la moindre source pour augmenter l'étendue de ses prés; il conquiert sur les versants les plus pierreux, un gazon épais et substantiel. Mais c'est au milieu des vallées et sur les bords des rivières que se développe la grande richesse herbagère. On admire avec raison celle de Villé, de la Bruche, de la

Zorn [1], etc. Les rivières qui y serpentent ne sont pas resserrées comme on en voit dans les Alpes, et encaissées dans des gorges profondes, où, irritées par les blocs de granit qui leur barrent le passage, elles sont transformées en torrents fougeux. Les cours d'eau des Vosges souffrent patiemment qu'on les détourne de leur lit pour féconder leurs rivages ; ils se laissent docilement arrêter par des barrages et répandent ainsi leur nappe limoneuse sur de vastes étendues qui en attendent leur fertilité. »

Nous venons d'emprunter avec plaisir cette description de nos vallées, faite avec autant de poésie que de justesse et de vérité par MM. de Dartein et Oppermann.

Ce n'est, en effet, que dans ces vallées que la production des fourrages est abondante et, ce qui est plus précieux encore, c'est qu'elle y est *régulière ;* nous entendons par là qu'elle a lieu chaque année, à l'aide des irrigations, quelle que soit la sécheresse de l'été. Cette circonstance permet aux habitants de ces contrées de calculer d'avance à très-peu près, la quantité de fourrage qu'ils récolteront et les met ainsi à même d'y proportionner le nombre du bétail.

Il n'en est pas ainsi des basses plaines de l'Alsace, où, dans ce moment, c'est-à-dire, au commencement du mois de mai 1865, une chaleur ardente et une sécheresse continues ont succédé immédiatement à un froid rigoureux et ont forcé, sur certains points, le cultivateur à faucher son colza et ses céréales pour ne pas laisser périr de faim ses animaux domestiques.

L'irrigation, sagement conduite, constitue donc la condition la plus impérieuse dans l'entretien du bétail. Nous ne pouvons nous permettre ici une longue digression à propos des difficultés que rencontre l'irrigation dans les plaines dont nous parlons, et où le défaut de pente exige de longs canaux de prise d'eau, que le morcellement des propriétés et la présence d'usines nombreuses, empêchent d'établir ou d'étendre, autant que l'exigerait le besoin des prés. « Ces obstacles, disent MM. Oppermann et F. de Dartein, paralysent la fertilité des plus belles plaines d'herbage et les maintiennent dans un état d'abandon qui a souvent attiré un blâme mérité.... Les récoltes des fourrages étant ainsi incertaines et excessivement variables, il en résulte des alternatives d'abondance et de disette très-fréquentes. Cette circonstance entraîne

___

[1] Dans le Haut-Rhin les vallées de Kaysersberg, de Munster, de Saint-Amarin, de Massevaux, etc., se trouvent dans la même situation.

d'une année à l'autre, une grande perturbation dans l'élève du bétail. Il faut livrer subitement à la boucherie les jeunes bêtes, qu'une année, riche en fourrage, avait permis de conserver. De là des variations brusques et périodiques dans la valeur des animaux et des difficultés insurmontables pour l'élève des bestiaux.

En mettant maintenant, en regard de cette grande diversité de besoins, de travaux et de produits du sol qui caractérise singulièrement l'Alsace, la nécessité de faire des réformes dans l'économie de son bétail, on conviendra, nous le croyons du moins, que cette amélioration, si elle doit répondre aux besoins et aux produits si hétérogènes que nous venons de signaler, rencontrera de nombreuses difficultés.

Serait-il, par exemple, prudent et sage de conseiller aux paysans [1], dont les ressources fourragères sont soumises à des variations souvent si désastreuses, de croiser leur bétail, défectueux il est vrai, mais dur et sobre et habitué à tous les régimes alimentaires, avec la race fribourgeoise qui compte parmi les races les plus exigeantes, les plus lourdes et les plus grandes des gras pâturages de la Suisse?

« Conduite au dehors de son pays, dit M. May, la race fribourgeoise s'acclimate difficilement, et lorsqu'on a recours, pour satisfaire son appétit dévorant, à des résidus de brasserie ou de distillerie, son aptitude laiteuse disparaît et il se manifeste chez elle une disposition très-prononcée ou à s'engraisser ou à contracter des maladies qui ont pour résultat une perturbation complète des facultés prolifiques.

« En volume du corps, dit à son tour M. de Weckherlin, cette race n'est presque surpassée par aucune autre, mais on en remarque deux variétés. L'une plus massive et plus rude dans toutes ses parties donne même aux animaux femelles un air de taureau, possède une grande tête à cornes peu fortes, une encolure puissante, souvent surchargée, garnie de poils rudes, avec un fort fanon qui descend profondément, des jambes basses d'une façon toute particulière à cette race. Elle a en même temps une marche recherchée, libre, sûre, droite et allongée. On trouve des animaux de grandeur colossale dans cette race. En réalité elle réclame, relativement à son rendement, plus de nourriture que d'autres bêtes bovines. La quantité de lait est proportionnellement petite. Avec une nourriture suffisante il y a bien augmentation considérable de volume,

---

[1] On divise notre population rurale en trois catégories distinctes : les paysans qui occupent la plaine, les vignerons et les montagnards.

mais la viande est grossière ; pour le trait, les bœufs sont efféminés. Ces animaux sont friands dans leur nourriture et perdent vite leur embonpoint, s'ils ne reçoivent pas continuellement la nourriture voulue, tant sous le rapport de la quantité que de la qualité. Les vaches sont en même temps très-molles. Cette race a eu une haute réputation de beauté ; et ce superbe bétail était ordinairement recherché à l'étranger au grand profit des éleveurs de sa patrie, qui lui prodiguèrent à cette fin force nourriture. Mais précisément cette nature massive et tenant du taureau rend à la vérité les animaux beaux pour le non-connaisseur ; pour l'éleveur expérimenté elle déprécie la race, car avec une pareille conformation la sécrétion du lait est généralement peu abondante ; la viande est grossière, et les vaches sont fréquemment stériles. En général, ce bétail se fait difficilement à un changement de condition. Aussi, dans sa qualité primitive, il a perdu peu à peu de sa réputation [1]. »

Assurément, après cette description que nous donne M. de Weckherlin, et qui s'accorde, du reste, avec celles faites par tous les autres auteurs allemands, nous ne saurions découvrir en Alsace la contrée qui conviendrait à ces animaux gigantesques et voraces. Néanmoins, nous ne contestons pas que pour certaines exploitations exceptionnelles que l'on trouve dans toutes les provinces, et dont les riches propriétaires ne reculent devant aucun sacrifice pour obtenir quelques sujets monstrueux, destinés à remporter des prix de concours, la race dont nous parlons ne soit à recommander.

C'est qu'aujourd'hui comme autrefois le monde est sous l'influence d'un singulier préjugé. « Toutes les fois, nous disait un jour M. P. Joigneaux, que nous avons sous les yeux un être développé d'une façon extraordinaire, nous voulons à toute force qu'il soit bien portant et qu'on le tienne pour un modèle de l'espèce. Nous sommes pour les géants, quand même les géants ne tiennent pas sur leurs jambes, nous sommes pour ceux qui paient de mine, sans jamais nous demander ce que vaut le fond, nous sommes pour le volume sans nous inquiéter de la densité, pour ceux qui sont gras et ne vivent guère, contre ceux qui sont maigres et ne savent pas mourir. »

Pour compléter maintenant le tableau que nous venons d'esquisser rapidement des besoins de notre province, de la diversité de ses cultures ainsi que des races étrangères qu'on lui propose pour améliorer ses

[1] Voy. *Traité des bêtes bovines*, vol. 1, page 103.

races indigènes, nous emprunterons à M. le marquis de Dampierre la
description qu'il fait des caractères généraux des races hollandaises.

« Les caractères distinctifs de ces animaux, dit M. de Dampierre,
sont : des jambes hautes ou de hauteur moyenne ; le corps généralement
grand et fort, la croupe large, fortement avalée, les os des hanches
saillants, le cou mince plutôt que fort, la tête étroite, les cornes courtes
et dirigées en avant ; la peau et le poil fins, la robe ordinairement pie,
quelquefois toute noire, ou toute blanche ou gris de souris.

« Les animaux de cette race sont grands mangeurs, peu aptes au
travail et leur conformation osseuse n'est pas séduisante à l'œil ; mais
un connaisseur, en touchant leur peau souple, moëlleuse, reconnaît
bien vite qu'ils ont une grande disposition à engraisser et qu'ils sont
doués de beaucoup d'autres éminentes qualités.

« Les vaches hollandaises surpassent toutes les autres par la quantité
de leur lait ; malheureusement elles consomment énormément de fourrage, et, malgré l'abondance de leur produit, elles ne remplissent
peut-être pas la première des conditions économiques, celle d'un rendement élevé en proportion de la nourriture consommée. Aussi leur
importation n'est-elle pas toujours avantageuse ; il n'y faut pas songer,
en tous cas, lorsqu'au sortir de leurs gras pâturages on est obligé de les
placer sur des prairies de qualité inférieure, ou lorsqu'on ne peut leur
donner à l'étable une abondante nourriture »

Selon M. de Weckherlin on n'aimerait pas, pour le trait, ce bétail
en Allemagne. La tête portée bas, les cornes mal placées, l'encolure
grêle, le dos élevé, les jambes de derrière dont la position en-dedans
trahit le peu de force, le rendraient peu apte à ce service et même im-
propre à l'engraissement.

Il serait, bien certainement, inutile d'ajouter à ces descriptions des
races fribourgeoise et hollandaise, encore celle des Durham. Ces derniers peuvent faire la fortune des éleveurs anglais ; mais, à coup sûr, ils
se trouveraient fort mal à l'aise chez nos paysans et s'accommoderaient
très-difficilement aux alternatives d'abondance et de disette qu'ils auraient à traverser. Ils ne conviendraient, par conséquent, pas plus à
nos vignerons qu'à ceux de nos campagnards dont ils devraient former
les attelages pour les exploitations forestières. Le Durham, cependant,
pourrait peut-être convenir aux plantureux vallons dont nous venons de
parler à condition, toutefois, que l'engraissement y devienne la spé-

cialité, car leur rendement en lait n'est guère supérieur à celui qu'obtiennent de leurs vaches les habitants de ces riches contrées.

Mais l'importation de ces animaux serait peut-être superflue, car, selon M. Jean Kiener, jeune, on produirait dans la vallée de Munster, par exemple, d'aussi gros et d'aussi beaux monceaux de graisse qu'en produisent nos voisins d'outre-Manche ; ces derniers, dit M. Kiener, n'emploient, d'après des chiffres souvent relevés, pas moins de nourriture que nous en employons pour obtenir le même poids de viande [1].

D'après tout ce que nous venons de dire ne faut-il pas conclure que, pour donner des conseils à nos campagnards, sur l'élevage, l'amélioration et l'entretien des bêtes bovines, il est nécessaire de soumettre ces conseils à l'étude des besoins, des ressources de toute nature, des procédés de culture et que, quelle que soit la nécessité de l'augmentation de la production des viandes de boucherie, cette production ne doit pas nous engager à perdre de vue les autres services que le bétail est

[1] Avec la nourriture nécessaire on obtient des animaux gras dans toutes les parties du continent. Ce qui distingue les Durham, sous ce rapport, c'est leur précocité et le développement des parties charnues les plus recherchées par la boucherie. En Alsace le bœuf atteint ordinairement l'âge où il peut être mis avantageusement à l'engrais, c'est-à-dire la fin de sa croissance vers la septième année, tandis que le Durham est, le plus souvent, adulte à l'âge de trois ans. En 1846 on a vendu à la vacherie du Pin un taureau Durham qui avait toutes ses dents d'adulte à l'âge de deux ans. Le même phénomène se présente, du reste, dans quelques races françaises. En 1843, M. Massé, de la Guerche (Cher) vendit un taureau qui était dans le même cas à l'âge de trois ans et demi ; ce qui fait dire à M. Sanson qui a écrit dans le *Livre de la ferme* un article très-judicieux et très-intéressant au sujet de la précocité, que celle-ci, pour être l'attribut le plus remarquable de la race Durham, ne lui est pourtant pas exclusive. « Nous savons, ajoute-t-il, à présent que le développement précoce est le résultat direct des méthodes d'élevage auxquelles sont soumis les individus, et que la génération ne fait qu'en affermir l'aptitude et la fixer dans la race par l'accouplement persévérant de ceux qui la présentent entre eux. C'est ainsi qu'ont été constituées les races précoces des Iles-Britanniques. Nous ne pouvons pas songer à procéder autrement. Et au lieu d'emprunter aux Anglais, pour améliorer nos races bovines, leurs magnifiques types à titre de reproducteurs, ainsi que nous y sollicitent si chaudement les partisans enthousiastes de la doctrine du croisement, c'est à leurs excellentes méthodes qu'il faut nous attacher. » — Nous ne saurions, pour notre compte, adresser de meilleurs conseils à nos compatriotes.

appelé à rendre à l'agriculture en général et à celle de notre province en particulier.

Il en résulte donc évidemment que l'ensemble de ces circonstances doit nécessairement nous guider dans nos appréciations, si nous ne voulons pas nous exposer à tout instant aux regrettables malentendus dont nous avons parlé au commencement de ce chapitre.

VIII.

SOMMAIRE : LA PRODUCTION DES ENGRAIS. — ÉVALUATION APPROXIMATIVE DES FRAIS D'ENTRETIEN ET DU RAPPORT DES BÊTES BOVINES. — DEUX QUESTIONS A RÉSOUDRE. — OPINIONS DE MM. SACC ET BARRAL.

L'enchaînement des idées, la simplicité et la clarté, contribuent généralement au mérite d'un écrit; mais les études que nous avons entreprises ici sont si complexes, elles se divisent en des branches si multiples et se rattachent si souvent, tantôt directement tantôt indirectement, à des questions d'économie sociale et d'économie rurale que nous avons été dans l'impossibilité d'éviter des digressions et des renvois, qui nous ont semblé nécessaires, pour mettre le lecteur au courant des opinions contradictoires émises relativement aux sujets que nous traitons. Nous sommes obligé d'avoir de nouveau recours au même procédé en faveur de la production des engrais, production qui, sans se rattacher aux tentatives faites dans le but de perfectionner les races, est cependant souvent le mobile principal de l'entretien des bêtes bovines et exige, par conséquent, d'être prise en sérieuse considération.

Ce qu'il importe avant tout de combattre, c'est cette opinion étrange suivant laquelle le bétail serait un mal et une charge nécessaires. Cette opinion engage, malheureusement, trop souvent nos cultivateurs à négliger les soins que les étables réclament sous le singulier prétexte qu'il n'y a rien à y gagner.

Il en est, évidemment, de l'agriculture comme de l'industrie, comme de tous les états possibles. Le travail manuel ne réussit, la sueur ne féconde, que lorsqu'ils sont dirigés par une intelligence relative, et accompagnés des soins d'un esprit d'ordre et d'économie.

Nous allons, du reste, essayer de démontrer par des chiffres que si l'entretien du bétail est soumis, comme toute autre entreprise, au succès comme à l'insuccès, il n'y a cependant point de raison pour soutenir, d'une manière absolue, que l'entretien en question ne soit possible qu'à des conditions onéreuses.

En évaluant, comme nous l'avons déjà fait plus haut, le rapport d'une vache du pays à 1,500 jusqu'à 2,500 litres de lait par an, ou en admettant plutôt un rendement moyen et journalier de 6 litres, on obtient, par année, 2,190 litres qui ont, à 15 cent. le litre, une valeur vénale de 328 fr. 50 cent. En ajoutant à cette somme la valeur du fumier, qui s'élève à environ 75 fr., nous arrivons à un total de 403 fr. 50 cent., qui constituent le rapport annuel d'une vache, de taille et de qualité moyennes, en Alsace

Pour mettre en regard de ce chiffre celui des dépenses d'entretien, il faut se rappeler que la quantité de foin que consomme une bête par jour est environ de 7 kilog. quand elle reçoit, avec le foin, une addition de betteraves, de navets, de paille hachée, etc. Ce chiffre, cependant, peut s'élever à 12 et même à 16 kilog. quand l'addition des racines n'a pas lieu [1].

Il est inutile de faire remarquer que la ration doit être plus ou moins proportionnée à la taille ou au poids de l'animal. Cette nécessité avait même engagé bon nombre d'agronomes et même de savants chimistes à faire des recherches, peut-être plus intéressantes que vraiment utiles, à ce sujet.

C'est ainsi que l'on a divisé la ration en deux catégories distinctes : l'une la *ration d'entretien* qui aurait uniquement pour but de maintenir l'animal en bonne santé sans augmentation ni diminution de poids, lorsqu'il ne produit ni travail, ni lait, ni graisse; l'autre, la *ration de production*, serait celle qui produirait chez la bête un accroissement du poids ou du rendement laiteux. Pour la première de ces rations on a

---

[1] M. Adolphe Bobierre, professeur de chimie à l'école préparatoire des sciences de Nantes, a fait des expérimentations très-intéressantes sur une vache qui consommait par jour 7 kilog. 500 gr. de foin, et 16 kilog. de pommes de terre. Les excréments de la bête dépassaient en poids celui de sa consommation. On peut donc dire, sans crainte d'exagérer, que 100 kilog. de fourrage donnent 100 kilog. de fumier.

(Voy. *L'atmosphère, le sol, les engrais*, par A. Bobierre. page 493.)

admis que 1,7 , c'est-à-dire une partie, plus sept dixième p. 100 ou un soixantième du poids de la bête vivante, est nécessaire , tandis que la ration de production exigerait d'être de 3,3 ou d'un trentième du poids de l'animal vivant.

Nous ne nous arrêterons pas à cette distinction subtile qui semble par trop assimiler l'organisme animal à des alambics qui divisent exactement, l'un comme l'autre, les aliments consommés. Il nous suffira d'admettre , pour établir une balance entre le rapport et les dépenses d'entretien , une moyenne de 14 kilog. de foin [1], comme ration journalière pour une vache de taille moyenne.

Or, le prix des foins variant entre 2 fr. et 5 fr. le quintal, suivant la sécheresse ou l'humidité de l'année , nous admettons également un prix moyen de 3 fr. 50 cent. les 50 kilog. , ce qui fait pour 14 kilog. de foin , une dépense journalière de 98 cent.

Quant à l'addition des betteraves, on n'en use généralement que dans un but économique. Si le prix des plantes sarclées devait s'élever au-dessus de celui du foin , il n'y aurait d'autres raisons pour s'en servir que celles d'engraisser le bétail ou d'augmenter le rendement du lait. Dans ce cas , le supplément en question devient une spéculation dont le détenteur des animaux est seul à même d'apprécier l'utilité par l'effet qu'elle produit sur son bétail. Il est évident que si l'on dépense par exemple, 40 cent. de supplément par jour et que l'on n'obtient dans le rapport qu'une augmentation de 30 cent. , la spéculation devient mauvaise. C'est là, cependant, ce qui arrive dans les exploitations où le maître ne s'informe que du rendement et non de la quantité et de la valeur des fourrages consommés.

Pour ne pas compliquer notre calcul nous admettons la vache simplement nourrie avec du foin et des regains. Nous aurons ainsi à mettre en regard d'un rapport annuel de . . . . 403 fr. 50 c. une dépense pour fourrage de 357   70

Bénéfice restant 45   80

Il est impossible d'évaluer , par exemple, les intérêts de la valeur de la bête ; celle-ci est quelquefois vendue avec bénéfice, comme

---

[1] D'après M. Villeroy , la quantité nécessaire de nourriture pour une vache laitière serait de 5 p. 100 de son poids. Par conséquent , une vache qui pèse 300 kilog., aurait besoin chaque jour de 15 kilog. de foin.

animal gras, tantôt avec perte, lorsqu'on l'a laissée trop vieillir. Il n'es
pas plus possible de porter en ligne de compte le salaire du vacher
ou de la personne chargée des soins que les bêtes exigent. Ce calcul
ne peut être établi que dans les grandes exploitations. Dans les
moyennes et dans les petites qui dominent en Alsace, les soins que
l'étable réclame ne constituent pas une occupation spéciale, elles
complètent plus généralement la série de travaux qui occupe un ou
plusieurs domestiques.

D'ailleurs, admettons même que la dépense d'entretien atteigne
le rapport. Dans ce cas, il en résulterait encore, à nos yeux, un
immense avantage pour le cultivateur, celui d'avoir eu à sa disposition les engrais juste au moment où les terres les réclamaient. C'est
là évidemment un avantage considérable pour celui qui reconnait la
nécessité de restituer à la terre une partie des éléments qu'on lui
enlève par les récoltes successives.

Le bénéfice que l'on peut obtenir par l'entretien des animaux
domestiques, varie, du reste, selon le prix des fourrages. Il varie
également suivant l'intelligénce avec laquelle on dirige l'exploitation,
suivant les appréciations et suivant les prévoyances du fermier. Si les
connaissances de celui-ci sont suffisantes pour distinguer les qualités du
bétail, s'il n'est pas obligé d'avoir recours à des usuriers, et s'il n'a-
bandonne pas son étable à des domestiques ignorants et peu soigneux,
le bénéfice sera, selon nous, certain et pourra même se doubler et se
tripler quand on parvient à se procurer les matières premières, c'est-
à-dire, le foin, les racines, les trèfles à bon marché. Pour atteindre
ce bénéfice, il faut naturellement savoir se soustraire aux fluctuations
souvent désastreuses du prix de ces matières; il faut savoir tirer le
meilleur parti possible du produit ou du travail des bêtes et enfin, il
faut surtout savoir irriguer ou fumer ses prairies. En un mot, il faut
savoir surveiller, à l'instar de tout autre industriel, chaque engre-
nage qui se rattache au moteur principal de l'exploitation.

Généralement, ce sont les cultivateurs qui cultivent de leurs propres
mains qui sont le plus à l'aise. Ils réunissent à leur revenu, comme
propriétaires, l'équivalent de leurs salaires comme travailleurs et le produit brut se transforme pour eux en produit net. « C'est peut-être la
portion la plus heureuse, disait un jour M. de Lavergne, de notre
population rurale. Ils vivent de peu et économisent la plus grande
partie de ce qu'ils gagnent pour agrandir leur domaine. La terre

fructifie sous leurs sueurs et la plupart, à force de travail, parviennent à s'élever dans l'échelle de la richesse. Il n'en est pas de même de ceux que l'on voit avec peine, dans les cafés borgnes de nos chefs-lieux de canton, passer leur temps à jouer aux cartes ou au billard. Inutiles à leur pays, à leurs familles et à eux-mêmes, ils ne savent que tourmenter leurs fermiers pour leur disputer les profits les plus légitimes. Loin de rien donner à la terre, ils lui enlèvent ce qui la rend féconde. »

La production des engrais, à l'aide du bétail, n'est donc pas moins importante que la production des viandes et du lait et mérite, à ce titre, l'encouragement de tous les hommes sérieux qui ont à cœur la prospérité de leur pays. C'est par conséquent une étrange et bien dangereuse doctrine que celle dont nous avons parlé dans le chapitre précédent, et suivant laquelle « la tenue des étables serait une *nécessité onéreuse* dans une ferme en vue de la production des fumiers ; que les étables ne donnent *jamais* de bénéfice et que les cultivateurs sont bien heureux lorsque leur compte de bestiaux ne fait pas ressortir des pertes! »

Après cette longue digression en faveur de la production des engrais nous revenons à la diversité des cultures de notre province et, par conséquent, aux besoins si variés que nous avons signalés. Nous disions que pour donner des conseils à nos campagnards, il est nécessaire de soumettre ces conseils à l'étude de ces besoins, ainsi qu'aux procédés de culture usités dans les différentes contrées. Nous disions également que, quelle que soit la nécessité de l'augmentation des viandes de boucherie, cette production ne peut nous engager à perdre de vue les autres services que le bétail est appelé à rendre à l'agriculture en général, et à celle de notre province en particulier.

Nous avons encore fait remarquer que des conseils qui ne seraient pas fondés sur les études en question, aussi bienveillants qu'ils puissent d'ailleurs être, il en résulterait inévitablement de ces malentendus que nous avons déplorés à différentes reprises, et à la suite desquels on est trop souvent disposé à mettre l'obstination, que l'on rencontre chez le campagnard, sur le compte d'une routine invétérée et insurmontable. Malheureusement, le paysan, et le paysan alsacien surtout, sans doute par manque d'habitude de traduire ses idées par la parole, n'est que rarement à même d'exposer, d'une façon plus ou moins lucide, les raisons qui l'engagent à persévérer si opiniâtrement dans les procédés qu'on lui reproche.

L'ensemble de ces considérations nous avait par conséquent fait un devoir d'étudier, dans ce travail, non-seulement et autant que nos moyens le permettait, l'influence du climat et du sol, mais aussi de faire ressortir toute l'importance qui se rattache à la sélection et à la spécialisation des animaux domestiques.

Il résulte de ces études que les intérêts recherchés par le cultivateur dans l'entretien du bétail sont très-variés et que, pour atteindre les différents buts dont nous parlons, différentes races seraient nécessaires à notre province.

On voudra bien, nous l'espérons, ne pas nous faire l'objection que dans ce cas il faudrait une race à part pour chaque arrondissement, pour chaque canton, pour chaque village, et même pour chaque exploitation isolée. Non, les besoins généraux y sont très-distincts et varient, comme nous l'avons, du reste, démontré plus haut, selon les contrées : nous avons d'abord les montagnes où l'industrie fromagère réclame l'aptitude laiteuse, la région forestière où le bœuf travailleur rend d'éminents services, les vallées qui recherchent l'engraissement, le vignoble qui demande à la fois du lait et du travail et enfin les plaines qui, par-dessus tout, ont besoin d'engrais.

Or, en admettant cette distinction dans les besoins généraux et, par conséquent, la nécessité d'avoir un bétail conforme à ces besoins, nous arrivons naturellement aux considérations suivantes :

1° Une race ne peut-elle présenter des avantages réels que dans un but spécial; ou, en d'autres termes, ne peut-elle être utilisée avantageusement à la production du lait, à l'engraissement, au travail en même temps qu'à sa conservation ?

2° Faut-il se procurer ces races à l'étranger, ou est-il possible de les former, de les perfectionner dans chaque contrée en particulier ?

Nous répondrons d'abord à la première de ces questions en nous appuyant, comme nous l'avons fait, du reste, chaque fois quand l'occasion s'est présentée, sur l'opinion des hommes dont l'autorité, en pareille matière, n'est contestée par personne.

« Dans les principes posés dans la zootechnie, dit M. Aug. de Weckherlin [1], des *aptitudes différentes* sont difficiles à réunir sur un

[1] Voy. *Traité des bêtes bovines*, vol. 1er, page 60, 1re édition.

même individu. Il arrive ordinairement chez les bêtes bovines que plus il y a abondance de lait, moins il y a disposition à prendre chair, et que plus on cherche à obtenir de la chair, moins le lait est abondant. Cependant on peut alors admettre que la qualité du lait est en rapport direct avec la qualité et la quantité de la viande ; de telle sorte que les races plus aptes à l'engraissement, et donnant moins de lait, dédommagent un peu par la bonne qualité de celui-ci. Mais il faut aussi admettre que si l'on ne veut pas accorder exclusivement de la valeur à la production du lait seul, on peut, par un élevage bien entendu, obtenir, au moins approximativement, les formes du corps reconnues généralement pour les plus parfaites et conserver une production de lait très-satisfaisante ; il peut même se trouver des races entières, élevées avec soin, qui réunissent les diverses aptitudes, sinon chacune au dégré le plus élevé, du moins toutes à un degré assez élevé...

« Tout aussi bien qu'on peut réunir aux formes du corps passant généralement pour les plus parfaites, les aptitudes à l'engraissement et à la production du lait à un degré satisfaisant, on peut y ajouter encore une très-bonne aptitude au trait. Mais plus on voudra développer l'une ou l'autre de ces aptitudes à un degré supérieur et jusqu'au dernier point, plus se développeront des formes et des qualités dans un sens qui ne correspondra plus à la force et à l'énergie nécessaires à de rudes travaux. »

« S'il était possible, dit à son tour M. le Marquis de Dampierre, de rencontrer une race qui réunit la sobriété à l'aptitude au travail, à la précocité pour la boucherie et à la production abondante du lait, ah! certes, cette race serait propre à tous les pays. Il faudrait la propager partout, dans les montagnes comme dans les plaines, dans les pays riches comme dans les pays pauvres. Mais une telle merveille n'a pas encore été créée, et si deux aptitudes se trouvent réunies à un degré éminent dans une race, on doit être moins exigeant pour la troisième qualité et se trouver bien partagé [1]. »

Enfin, voici l'opinion de M. Villeroy qui se place au point de vue de l'agriculture de son pays, la Bavière-rhénane, notre voisine.

« La spécialisation, dit-il, a trouvé dans ces derniers temps d'habiles défenseurs. Il est incontestable que, si l'on veut arriver à ce qu'il y

---

[1] *Races bovines de France*, 2ᵉ édition, page 9.

a de plus parfait, il faut une race spéciale pour le travail, une autre race pour l'engraissement, et une autre race pour la laiterie; mais on a poussé trop loin l'application de ce principe, et la race du Glane [1], par exemple, qui réunit les trois conditions, mais à un degré inférieur à la race Durham pour l'engraissement, à la race Hollandaise pour la laiterie, à la race de Salers pour le travail, est néanmoins plus avantageuse pour la grande majorité des cultivateurs qu'aucune de ces trois races. »

On le voit, la race du Glane serait presque la race merveilleuse que M. de Dampierre désespère de trouver. L'opinion de M. Villeroy nous

[1] Suivant M. Villeroy, la race du Glane tient aujourd'hui un rang distingué entre les bêtes bovines de l'Allemagne, et tire son nom du *Glane*, petite rivière qui prend sa source près de Hombourg. Le pays que cette rivière parcourt est très-montueux et coupé d'une multitude d'étroites vallées; il y a peu d'années encore, il n'y existait pas de routes; il était presque entièrement privé de communications, mais l'élevage du bétail lui avait déjà fait acquérir un haut degré de prospérité; aujourd'hui les terres y sont arrivées à un point de fertilité remarquable, et la vente du bétail y amène une quantité considérable de numéraire.

Dans son *Manuel de l'éleveur des bêtes à cornes*, M. Villeroy nous apprend que les vaches de cette race, lorsqu'elles sont fraîches, deviennent maigres quoique très-bien nourries, mais que, lorsqu'elles avancent dans la gestation, elles reprennent de l'embonpoint à mesure que le lait diminue, de sorte qu'elles sont ordinairement grasses quand elles mettent bas. « J'ai eu une vache de cette race, ajoute M. Villeroy, qui avait un poids d'environ 250 kilog. qui, fraîche et nourrie de trèfle vert, à donné par jour jusqu'à 24 litres de lait de bonne qualité, et il n'est pas rare d'en trouver qui donnent 18 litres de lait par jour. »

Nous regrettons que M. Villeroy n'ait pas indiqué approximativement la moyenne annuelle du rendement laiteux des vaches qu'il recommande si chaleureusement, car ce n'est que d'après cette donnée qu'une appréciation devient possible. Très-souvent les vaches, qui donnent le plus de lait après avoir vêlé sont précisément celles qu tarissent le plus tôt, et leur lait est ordinairement peu bytureux; par contre les vaches dont le rendement en lait n'est pas si abondant continuent longtemps à en donner. Suivant des observations faites par M. Weckherlin sur les meilleures races laitières de la Hollande, de l'Angleterre et de la Suisse, on ne pourrait admettre, comme moyenne la plus élevée de ces diverses races, qu'un rendement annuel de 3,200 à 5,600 litres, ce qui ne ferait que 8 à 9 litres par jour pendant la durée de l'année. Du reste, ajoute M. de Weckherlin, on ne demande plus à présent combien de lait donne une vache par an, mais on se demande combien de lait elle donne pour 50 kilog. de foin.

semble être tant soit peu fondée sur les besoins de la contrée qu'il habite, et qui paraissent être beaucoup moins hétérogènes que ceux de notre province. Nous ne contestons pas, qu'une race sobre, apte au travail, à un rendement plus ou moins satisfaisant en lait, et dont les sujets s'engraisseraient facilement au bout de leur service, ne ferait pas l'affaire de certaines contrées de l'Alsace ; mais nous persistons à croire, que, pour répondre à la diversité des besoins et de cultures, il est d'une nécessité absolue, et surtout quand il s'agit d'atteindre une amélioration réelle et durable, de suivre les principes de la spécialisation.

En somme, et pour répondre catégoriquement à la première des deux questions que nous venons de poser, nous dirons qu'il est impossible de réunir toutes les aptitudes à un degré élevé et que le développement d'une aptitude, quelle qu'elle soit, se fait toujours aux dépens ou au détriment des autres facultés, d'où il résulte que dans notre province, pour arriver à une amélioration notable, différentes races seraient nécessaires.

Ce principe, une fois admis, nous ramène naturellement à la seconde question également posée plus haut, à savoir : *s'il faut se procurer ces diverses races à l'étranger ou s'il est possible de les former dans chaque région en particulier.*

Nous nous trouvons ici face à face avec les deux sytèmes, c'est-à-dire le croisement et la sélection si souvent et si passionnément controversés dans ces derniers temps, et à l'éclaircissement desquels nous avons également consacré un grande partie des lignes qui précèdent.

Nous sommes donc bien aise d'avoir à placer ici une excellente lettre que M. Sacc vient d'adresser à M. Barral, le judicieux rédacteur du *Journal d'agriculture pratique.* Cette lettre nous semble résumer non-seulement ces importantes questions du croisement et de la sélection, mais elle sera également la meilleure et la plus complète réponse à la question qu'il nous importe de résoudre en ce moment.

« Monsieur le Directeur,

« J'ai vu avec bonheur que vous avez défendu, auprès de la Société centrale d'agriculture, le grand principe du perfectionnement des races domestiques par elles-mêmes, et que vous n'admettez les croisements que dans le but d'obtenir un résultat immédiatement utile, parce que vous avez reconnu que les animaux résultant des croisements ne transmettent pas définitivement, à leurs descendants, toutes les qualités de leurs ascendants. Telle est aussi la thèse que je soutiens seul devant la Société d'acclimatation, dont quelques membres veulent absolument n'employer les nouvelles races d'animaux domestiques qu'elle importe, qu'à croiser nos anciennes espèces. Il y a là une double faute, ce me semble : d'abord celle de détourner l'attention du perfectionnement de ces races par elles-mêmes, car elles laissent, en général, beaucoup à désirer ; et puis ensuite celle de produire des bâtards, dont on ne pourra connaître les aptitudes qu'au bout de bien des générations dont les caractères changeront d'ailleurs avec chacune d'elles.

« Pour ne citer que la chèvre d'Angora, dont je puis parler en connaissance de cause, puisque je n'ai cessé de m'en occuper depuis le jour de son importation, voici les résultats que j'ai obtenus avec la race pure. Les bêtes importées donnaient si peu de lait qu'elles pouvaient à peine nourrir leurs petits dont la première génération française fournissait, sous l'influence d'une bonne nourriture, un demi-litre de lait outre celui que buvait le petit, et la seconde génération, de 1 à 1 $\frac{1}{2}$ et même 2 litres d'excellent lait. Le poids, la pureté et la finesse des toisons allaient toujours en augmentant aussi dans une proportion analogue.

« Quant aux produits provenant du croisement du bouc angora avec une chèvre d'Egypte et avec une autre d'Appenzell, j'ai dû les faire abattre parce que le poil était assez long mais grossier, et que l'absence presque *totale* du lait rendait ces animaux d'un entretien trop coûteux.

« Comme Suisse, d'ailleurs, je ne puis être partisan que des races pures ; notre belle race de chevaux de la Montagne-des-Bois et de Schwytz, nos gigantesques vaches de Fribourg ; nos excellentes laitières de Schwytz et d'Uri ne se sont formées que par sélection ; absolument comme les Arabes forment leurs races de chevaux et de dromadaires.

« On a beaucoup répété que les accouplements consanguins, trop fréquemment répétés, finissaient par amener l'abâtardissement des races ; voici deux faits qui semblent prouver le contraire : Au commencement de ce siècle, l'empereur Napoléon donna à M. Couderc, sénateur de Lyon, un bélier et une brebis mérinos dont il fit cadeau à ma grand'mère, de qui le beau troupeau, qui passa plus tard entre mes mains, présentait encore, en 1837, tous les caractères de la race pure, bien qu'il n'eut été jamais ni croisé, ni rafraîchi par une nouvelle importation de bêtes de pur sang.

« D'une seule paire de poules russes, importées à Neufchâtel en 1829, j'ai monté toute ma basse-cour, où cette espèce s'est conservée dans toute sa pureté jusqu'au moment de mon départ en 1850.

« Depuis la création du monde, les pigeons se reproduisent entre frères et sœurs, et nulle part leur race n'a dégénéré ; elle s'est au contraire infiniment perfectionnée à l'aide de soins bien entendus.

« Arrivant aux races issues de croisements bien entendus, vous avez cité les porcs et les moutons anglais auxquels j'ajouterai notre justement célèbre mouton du Larzac, et l'admirable race bovine de Rosenstein, que S. M. le roi de Wurtemberg est enfin arrivé à fixer, après 20 ans de croisements répétés entre les meilleures races bovines de l'Europe.

« Toutes ces races artificielles sont-elles bien et définitivement fixées ? ou bien remonteront-elles, dès qu'on cessera de faire intervenir le pur sang, à leur ascendant le plus robuste, à celui qui s'est formé sous l'influence *locale* ? Le roi de Wurtemberg répond à cette question, qu'après plus d'un demi-siècle d'essais incessants, il s'est convaincu que, pour obtenir de bons résultats des croisements des étalons arabes avec les juments allemandes, il faut faire intervenir *sans cesse* le pur sang arabe. La société bohémienne, pour le perfectionnement des lainages, répond que lorsqu'après neuf, je dis neuf *générations* de métis mérinos-bohémiens, on cesse de faire intervenir le bélier mérinos, les descendants de cette neuvième génération, qui offrent cependant tous les caractères des mérinos pur sang, reprennent aussitôt la laine grossière de l'espèce locale.

« Enfin, permettez-moi d'ajouter que pour quelques croisements qui ont produit de bons résultats, il y en a beaucoup plus qui en ont produit de mauvais ; ainsi par exemple, le cheval anglais croisé avec nos chevaux jurassiens donne des produits à extrémités si allongées qu'ils en sont inemployables ; les produits du yack et de la vache, du bouc angora et de la chèvre commune ne donnent pas de lait, ceux du coq nankin avec la poule commune ont une chair grossière et des formes disgracieuses, et ceux du coq bankina avec la poule commune sont aussi petits, ou guère plus grands que leur père.

« Pour me résumer, je suis convaincu que quand les croisements produisent un *bon* résultat, il n'est pas durable, et je conclus que vous avez mille fois raison lorsque vous ne les admettez que pour arriver promptement à un but momentané, et que vous soutenez avec moi que, pour arriver à un but *stable* et *définitif*, il faut améliorer nos animaux domestiques par une sage sélection de leurs reproducteurs.

« Veuillez agréer, etc.

« Signé, SACC [1]. »

À cette lettre M. Barral ajoute les réflexions suivantes :

« Ainsi, dit-il, à ceux qui ont fondé des étables pour le croisement d'un animal perfectionné avec une autre race, nous ne saurions trop répéter de revenir souvent au sang pur pour obtenir de nouvelles générations. »

Maintenant, après avoir enregistré les opinions de MM. Sacc et Barral, après avoir reproduit au long, dans les chapitres précédents, les renseignements que nous avons puisés dans les travaux de MM. Georges Mai, David Low, Giot, Eugène Guyot, S. Gourdon, A. Sanson, de Dampierre, Villeroy, P. de Saint-Ferjeux, etc. nous formulons,

---

[1] Voy. *Journal d'agriculture pratique*, 1865, tome 1er, 5 juin.

comme suit, la réponse qui nous reste à donner à la seconde question posée plus haut :

La sélection est le seul moyen qui permettra de compter sur une transmission régulière de l'hérédité; elle peut seule perfectionner les races *conformément aux besoins et aux influences locales.*

Mais, il ne suffit pas d'ériger un principe en théorie, il faut aussi se demander si, en pratique, l'application est possible? — Malheureusement nous trouvons, de ce côté, de nombreuses difficultés, conséquences inévitables de la loi du 11 frimaire an VII, relative aux troupeaux, et dont nous essaierons plus loin, de démontrer les grands inconvénients.

IX.

On nous communique une lettre, imprimée en 1863, et adressée à MM. les membres du Conseil général du Bas-Rhin. Dans cet écrit, M. de Leusse, cultivateur à Reichshoffen, expose que dans notre riche Alsace le bétail n'a pas l'importante place qu'il devrait y occuper; qu'à part quelques rares éleveurs, peu de gens en Alsace ont étudié les diverses races de bétail, et que, les avis différant dans chaque société ou comice, aucune suite ne pouvait être apportée dans les améliorations entreprises jusqu'à ce jour. « Il ne suffit pas, dit-il, de désigner les défauts de nos races, mais après avoir éliminé, il serait nécessaire de présenter quelque chose de supérieur à ce que l'on blâme. »

Frappé de cet état de vague et d'incertitude, M. de Leusse a cru devoir apporter au Conseil général, à titre de simples renseignements, le fruit de son expérience et de ses recherches laborieuses.

« Le département du Nord, dit M. de Leusse, possède avec celui du Bas-Rhin une frappante analogie : sol morcelé et de grande valeur, cultivé avec soin, plantes industrielles dans les deux pays, centres manufacturiers et commerciaux venant ici comme là absorber les produits d'une riche culture, enfin travail des vaches dans les deux pays et entretien d'un plus grand nombre de femelles que de mâles. » Tels sont, suivant M. de Leusse, les points de ressemblance saillants entre les deux contrées, ressemblance qui l'engage à conclure que la race *flamande* serait celle qui conviendrait le mieux à l'amélioration des animaux de notre pays.

Si nous déplorons sincèrement, avec M. de Leusse, l'hétérogénéité et l'insuffisance de notre bétail, si, comme lui, nous sommes convaincu que des études sérieuses des races bovines seraient nécessaires dans l'intérêt de la fortune agricole de notre province, nous regrettons d'autant plus de ne pas pouvoir partager son opinion relativement à l'analogie qu'il cherche à établir entre les départements du Nord et l'Alsace. Nous ne contestons pas que l'Alsace ne renferme pas quelques contrées qui ont une ressemblance plus ou moins marquée avec les Pays-Bas, nous retrouvons bien chez nous, par-ci par-là, un sol plat, un climat brumeux et humide; nous voyons bien dans quelques vallées, traversées par de nombreux cours d'eau, des prairies luxuriantes ; mais en somme, ce ne sont pas là les propriétés distinctives, ni les caractères généraux de l'Alsace, où la fertilité et les modes d'exploitation des terres sont soumises, comme nous l'avons fait remarquer plus haut, à une grande variabilité, dont les conséquences naturelles consistent dans une variété non moins grande de besoins, autant sous le rapport des cultures que sous celui des animaux domestiques.

D'un autre côté, la composition géologique de l'Alsace ne semble pas pouvoir rivaliser avec celle des Pays-Bas, où le mélange d'argile et de calcaire est si favorable à la production des plantes fourragères, tandis que chez nous, de vastes plaines ne sont souvent productives qu'à force d'être labourées par une population active. A l'appui de cette assertion, nous citerons le domaine même de M. le comte de Leusse, composé de 65 hectares et qui renferme ni plus ni moins que 25 hectares de sable pur, plus propre à sabler du papier qu'à produire des betteraves[1].

---

[1] Voy. *Distillation agricole de la pomme de terre*, par le comte PAUL DE LEUSSE, page 6.

, Si nous ajoutons à ces circonstances, d'abord la présence des nombreuses usines hydrauliques, qui empêchent souvent d'établir des irrigations, et ensuite l'incertitude des récoltes fourragères, c'est-à-dire les alternatives fréquentes entre les années de disette et les années d'abondance, nous sommes porté, contrairement à l'opinion émise par l'honorable cultivateur de Reichshoffen, à conclure que la spécialisation, ou plutôt l'appropriation et le choix des animaux, conformément aux besoins de nos cultivateurs, au climat et au sol, loin d'être déplacée en Alsace, y est, au contraire, une nécessité absolue dans les réformes à y introduire.

L'introduction des animaux flamands, opérée sous les auspices des sociétés et comices agricoles, ne nous paraît donc ni plus rationnelle ni plus efficace que ne le sont les efforts faits dans le but d'acclimater chez nous les races hollandaises et suisses.

D'ailleurs, en Flandre, comme en Suisse, comme en Angleterre, les races sont loin d'être homogènes et varient d'aptitudes et de formes : Dans l'arrondissement de Lille, par exemple, les bêtes bovines sont retenues à une stricte stabulation, et entretenues, en grande partie, à l'aide des résidus provenant d'un grand nombre de fabriques de sucre de betteraves et de distilleries de toutes sortes ; dans l'arrondissement de Dunkerque, les vaches sont laissées dans les parcours pendant six mois consécutifs, nuit et jour. Dans les arrondissements de Cambrai et de Douai, on conduit les troupeaux sur les champs après les récoltes. Enfin, suivant M. Lefour, ce n'est que dans *les plus riches pâtures* de Bergues, Cassel, Bailleul, Hazebroock que l'on rencontre des types purs de la race flamande. Assurément, ces bêtes s'accommoderaient très-difficilement du régime alimentaire que nos montagnards et nos paysans auraient à leur offrir, et leur type serait probablement difficile à retrouver dès la seconde ou la troisième génération.

Toutefois, il faut reconnaître que la variété dans les races flamandes, anglaises et suisses n'est pas à comparer à l'assemblage confus qui existe dans les étables d'Alsace, et que les variétés y sont les conséquences du sol et du climat, tandis que chez nous elles sont évidemment le résultat d'un manque de discernement, et surtout de ce manque de principe, signalé par M. de Leusse, et qui ne permet pas de donner suite aux améliorations entreprises par nos sociétés et nos comices agricoles.

Au reste, en Hollande, en Suisse, en Angleterre, les éleveurs ne perdent pas leur temps, nous l'avons fait remarquer à différentes reprises, à faire des plaidoyers intarissables en faveur de tel ou tel type étranger à introduire chez eux ; ils se contentent d'imiter l'exemple que leur offre la *sélection naturelle* en choisissant pour la reproduction ceux des sujets qui, sous les rapports de la constitution et des aptitudes, semblent être les plus comformes au but qu'ils poursuivent.

Laissons donc à nos voisins, à ceux d'outre-mer comme à ceux du continent, le bétail qu'ils ont produit à la suite des siècles par les qualités de leurs fourrages, par leurs ressources de toutes sortes, par leur sol et par leur ciel brumeux, et occupons-nous à les imiter en perfectionnant nos races par le choix des reproducteurs.

Mais, pour opérer par sélection, deux conditions se présentent et exigent d'être observées scrupuleusement : d'une part, c'est le discernement qui constitue la base de ces opérations, et de l'autre, ce sont les soins intelligents dont il faut entourer les élèves.

Abstraction faite de l'atavisme, conséquence inévitable des croisements continus, le taureau transmet à ses produits ses bonnes qualités comme ses vices. Il importe, par conséquent, d'appeler tout d'abord l'attention de nos éleveurs sur l'influence qu'exerce le reproducteur mâle sur la prospérité du troupeau, influence qui, malheureusement, n'est pas appréciée à sa juste valeur de la plus grande partie de nos éleveurs.

Le reproducteur mâle ne doit être ni impétueux ni vindicatif. Trop ardent et trop emporté, il transmet ces défauts à sa postérité et perpétue ainsi, dans les bêtes femelles, ce tempérament remuant, qui est si contraire au repos qu'exige la sécrétion du lait. D'un autre côté, l'impétuosité de l'animal présente des dangers sérieux et journaliers pour les hommes qui l'entourent. Des mouvements rapides, un œil vif et gai, sont néanmoins des preuves d'une santé robuste de l'animal et constituent, avec un poil lisse et luisant, les indications à la fois d'une constitution solide et des qualités prolifiques qu'exige l'accomplissement de sa mission. La taille du reproducteur ne doit être ni trop forte ni trop élevée ; si le reproducteur est trop puissant, le poids de son corps fera fléchir jusqu'à terre le corps de la femelle au moment de l'accouplement ; cette circonstance a souvent pour résultat ou la stérilité, ou un fœtus disproportionné, ou des produits faibles et chétifs. D'un autre côté, il résulte également des conséquences fâcheuses de l'accouplement quand le reproducteur est trop jeune ou trop âgé. Trop jeune, c'est la charpente osseuse qui, n'étant pas suffisamment développée, ne permet pas à l'animal d'accomplir énergiquement l'acte de la génération ; trop âgé, la force et la vigueur font également défaut. Ce n'est donc qu'à l'âge d'un an et demi que le taureau peut être admis à remplir ses fonctions de reproducteur ; toutefois, ce n'est qu'à partir de l'âge de deux ans qu'il doit être employé à la monte d'un troupeau composé tout au plus de soixante-dix à quatre-vingts têtes. Ce chiffre, cependant, doit être réduit à quarante ou cinquante têtes si les accouplements se prolongeaient pendant toute l'année, ou si le taureau était obligé de suivre journellement, le troupeau sur des pâturages éloignés de la ferme ou de la commune, comme cela a lieu dans beaucoup de nos contrées. Un nombre plus élevé de femelles, quelle que soit d'ailleurs la nourriture et la constitution du reproducteur, ne laisserait pas que de l'énerver et de l'user avant l'âge de quatre ou cinq ans. Dans ce cas, non-seulement la postérité est exposée à porter les traces des fatigues et des excès qu'on aura fait commettre imprudemment au reproducteur, mais il arrive encore fréquemment qu'un grand nombre de femelles restent stériles, conséquence fâcheuse à la fois pour l'intérêt privé et pour l'intérêt général de la commune.

Toutefois, si un troupeau trop nombreux est préjudiciable à la constitution du taureau, par contre un nombre insuffisant de vaches a également de très-grands inconvénients en occasionnant, chez l'animal, un caractère intraitable et par conséquent vicieux.

Nous ne saurions donc trop insister sur l'importance qui se rattach au choix dont nous parlons et qui, malheureusement, dans les communes de l'Alsace, est généralement abandonné à l'ignorance et à la rapine de ceux qui sont chargés de l'acquisition et de l'entretien des taureaux communaux.

Placé dans de bonnes conditions, et lorsque le reproducteur jouit d'une nourriture conforme à ses besoins, celui-ci est à même de desservir le troupeau dès l'âge de dix-huit mois jusqu'à l'âge de huit ou dix ans. En Angleterre où le troupeau au lieu d'être composé, comme en Alsace, par le bétail de toute une commune, n'est, le plus souvent, formé que par des bêtes appartenant à un seul fermier, les taureaux sont souvent maintenus jusqu'à l'âge de dix et douze ans. Charles Colling en avait un, dont le nom nous échappe, qui avait conservé ses qualités prolifiques jusqu'à sa seizième année. En Allemagne, au contraire, les taureaux sont généralement réformés dès l'âge de quatre ans et souvent même avant ce moment. Ce procédé cependant, quoiqu'on ait cru remarquer que les générations provenant de jeunes taureaux sont supérieures à celles provenant de sujets d'un âge plus avancé, n'est nullement approuvé par un grand nombre des vétérinaires d'outre-Rhin. Ceux-ci reprochent au procédé en question d'être la cause de la pénurie des reproducteurs de choix et de priver même les éleveurs du temps nécessaire pour apprécier les produits de l'animal. D'un autre côté encore, on reproche à ce procédé d'entraîner à un renouvellement souvent très-préjudiciable aux capitaux engagés. A ces observations les éleveurs allemands opposent des arguments qui, à leur tour, ne sont pas sans valeur : « En réformant nos taureaux, disent-ils, dès l'âge de trois ou quatre ans, ces animaux sont encore à l'âge de pouvoir supporter la castration et deviennent ainsi, après avoir rendu service comme reproducteurs, d'excellentes bêtes de boucherie ou de travail possédant même plus de force et de vigueur que si elles avait subit l'opération dont il s'agit à un âge moins avancé [1]. »

Il résulte évidemment de ces opinions contradictoires qu'il est impossible d'établir à ce sujet des règles absolues. Il nous paraît tout aussi impossible de contester l'avantage que présente la conservation d'un taureau dont les qualités sont remarquables, qu'il nous semble logique de se défaire d'un animal, dont les qualités ne sont qu'ordinaires, et qui peut être employé à une destination plus avantageuse.

L'usage de réformer les taureaux à un âge peu avancé existe également en Alsace ; cet usage nous semble, toutefois, ne pas devoir son origine à un principe quelconque admis ou suivi par nos campagnards ; il semble plutôt être le résultat tantôt des privations auxquelles la bête a été, le plus souvent, exposée pendant son élevage, tantôt de la mauvaise qualité des fourrages qu'elle reçoit à

---

[1] « On pense, dit M. Sanson, qu'il convient d'employer des taureaux jeunes. Ils sont plus propres, croit-on, à procréer de bons produits. Cependant la question est fort controversée, et chacun s'appuie sur des observations contradictoires qui semblent également concluantes, mais auxquelles il manque, sans aucun doute, une exacte interprétation. Ces observations ne peuvent être contradictoires qu'en apparence, car les faits physiologiques sont absolus, nécessairement, dans leur signification. La vérité est, qu'à dater du moment où le mâle possède la faculté de se reproduire, la considération d'âge est indifférente pour la qualité du produit » (Voy. *Livre de la ferme*.)

l'âge d'adulte , et enfin, l'usage en question n'est peut-être autre chose qu'une conséquence fatale et inévitable du régime de la stabulation absolue. Au lieu d'élever le taurillon sur de bons pâturages et de lui accorder le mouvement, si nécessaire à la formation de sa charpente osseuse , il passe généralement toute son existence à l'étable, attaché à une chaîne qui mesure à peine soixante centimètres de longueur et ne reçoit, le plus souvent, qu'une nourriture insuffisante au développement de sa constitution [1].

Or, les propriétaires et les communes qui ont intérêt à ne pas entretenir un bétail stérile, qui ont à cœur de perfectionner celui qu'ils possèdent et de ne pas s'exposer, comme c'est l'usage en Alsace , d'emprunter aux pays voisins , par l'intermédiaire des maquignons , ou des taureaux à bon marché, ou des vaches latières dont les aptitudes sont douteuses, ceux-là doivent avant tout fixer toute leur attention et sur le choix et sur l'entretien des reproducteurs. Dès le moment que l'on remarque , parmi les nouvelles générations, des veaux difformes ou chétifs dont la cause n'est pas accidentelle, on doit considérer l'accident

[1] Il y a une quinzaine d'années, un véritable engouement avait porté nos Sociétés d'agriculture et nos comices à recommander aux éleveurs à la fois la stabulation permanente et la suppression totale des pâturages. Un rapport adressé en 1861 à M. le Préfet du Bas-Rhin par les vétérinaires du département fit ressortir, dans les termes suivants, les conséquences fâcheuses de ces innovations : « Dans une grande partie de l'Alsace , disaient-ils , les jeunes élèves des espèces chevalines et bovines séjournent depuis le jour de leur naissance dans le coin le plus reculé des écuries et des étables ; ils n'ont d'autre occasion de développer leurs forces que dans le trajet , trois fois par jour , de l'écurie à la pompe où ils s'abreuvent , et dans quelques sauts désordonnés dans une cour peu espacée et habituellement encombrée où ils se trouvent exposés à de nombreux et graves accidents. Pour obvier à des inconvénients de cette nature , il serait fort à désirer que dans les localités où la possibilité existe, on convertît une partie du communal, d'une contenance de cinq hectares environ et le plus rapproché du village, en place d'ébats où les éleveurs, à de certaines heures, suivant la saison , pourraient conduire et laisser en toute liberté les poulains, taurillons, génisses , etc., moyennant une minime rétribution à verser dans la caisse communale. Ce ne serait point un pâturage où les jeunes élèves trouveraient de la nourriture, mais un terrain de *gymnastique* suffisant pour leur développement. »

Nous avons cru d'autant plus opportun d'enregistrer ici cette partie du rapport de MM. les vétérinaires du Bas-Rhin que la suppression totale des pâturages compte encore un grand nombre de partisans en Alsace.

comme provenant du reproducteur et le remplacer immédiatement.
Dans ses lettres sur la physiologie animale M. Vogt cite, à ce sujet, un
exemple curieux: dans un troupeau, dit-il, on vit plusieurs veaux
difformes naître en une seule année; le reproducteur qui desservait
le troupeau était de bonne apparence, on le remplaça néanmoins et
les génération subséquentes reprirent de nouveau leur constitution
normale.

Il est sans doute inutile de faire remarquer que le choix des bêtes
femelles ne doit pas moins absorber l'attention de l'éleveur quoiqu'elles
ne transmettent qu'isolément leurs qualités comme leurs défauts à un
petit nombre de veaux, tandis que le mâle les transmet au bétail entier
de la commune. On a souvent comparé, et avec raison, la femelle au
sol, et le mâle à la semence qu'on lui confie, les deux éléments doivent
être nécessairement dans de bonnes conditions si l'on veut obtenir de
bons résultats.

Nous ne nous arrêterons pas ici à énumérer les soins dont il faut
entourer les bêtes femelles, ils sont amplement décrits dans les divers
traités que nous avons cités dans le cours de ce travail. Néanmoins,
comme l'aptitude laiteuse est généralement la plus estimée en Alsace
nous rapporterons quelques détails intéressants à ce sujet. Suivant les
auteurs anglais, allemands et français le taureau aurait une grande
influence dans la transmission héréditaire de l'aptitude dont il s'agit et
devra, par conséquent, provenir lui-même d'une mère bonne laitière.
Les qualités du père et de la mère cependant ne se transmettraient pas
toujours en ligne directe à la fille, et souvent on ne retrouverait leurs
aptitudes qu'aux générations ultérieures.

C'est apparemment ce phénomène qui se manifeste si singulièrement
dans la transmission héréditaire, et connu sous le nom d'atavisme, qui
a engagé nos voisins d'outre-manche d'avoir recours à diverses précautions dans l'élevage de leurs animaux domestiques, précautions dont
la principale consiste dans l'établissement du *Stut-boock* ou *Heerd-bock*,
c'est-à-dire dans des registres dans lesquels ils consignent soigneusement
les qualités qui distinguent leurs animaux reproducteurs.

Ces tables généalogiques sont évidemment d'une nécessité absolue
lorsqu'il s'agit de faire des observations sérieuses sur la transmission
héréditaire, que celle-ci s'opère ou par croisement ou par sélection.
Il est, d'un autre côté, certain que les controverses au sujet de cette
transmission, et qui durent depuis des siècles, auraient trouvé depuis

longtemps une solution définitive, si on avait eu recours plus tôt aux registres dont il est question. Nous constatons donc avec satisfaction, qu'à l'heure qu'il est, des *Heerd-Boocks* sont introduits chez les grands éleveurs de l'Allemagne ainsi que dans plusieurs départements français et notamment dans la Haute-Saône où l'on doit à ce procédé la pureté de la race femeline.

Ce fut en *1856* que le congrès agricole de la Haute-Saône prit l'initiative d'y établir un registre généalogique, et qu'il décida en même temps de primer des *taureaux-étalons* comme on prime des *chevaux-étalons*. « Ces décisions, disait alors M. de Saint-Ferjeux, conformes à ce qui se pratique en Angleterre produiront assurément de bons résultats, et il serait à désirer que d'autres départements entrassent dans la même voie d'amélioration. » Les prévisions de M. de Saint-Ferjeux se sont, en effet, réalisées depuis; nous avons déjà parlé de l'admiration dont la race femeline a été l'objet lors du dernier concours régional à Colmar, ajoutons encore que, d'après une récente statistique, la Haute-Saône, qui autrefois exportait à peine quelques bandes de bœufs dans les villes voisines, en a vendu, pendant l'année 1862, au sucriers et aux distillateurs du Nord, pour une somme de trois millions.

« C'est que chaque année, dit M. de Leusse [1]. le conseil général de de ce département vote des fonds qui, joints à ceux de la société d'agriculture, permettent d'acheter et de revendre des taureaux de la race indigène ; de donner des primes aux jeunes taurillons élevés dans le pays, et de rétribuer des vétérinaires chargés de visiter les étables pour y choisir les sujets les plus convenables à la reproduction. »

Ces lignes seront suffisantes pour faire comprendre la nécessité d'un registre généalogique dans l'élevage du bétail. Cette nécessité a fait dire naguère à un agronome allemand que, plus l'agriculture fera des progrès, plus elle exigera de nouvelles mesures de précaution ; car ce qui ne semblait être qu'un accessoire, il y a dix ans, est déjà devenu aujourd'hui une condition rigoureuse.

Malheureusement, en Alsace, nous sommes encore loin d'apporter dans nos essais d'amélioration les mêmes soins que nos voisins. Chez nous les sociétés d'agriculture, les comices, les éleveurs achètent des taureaux et des vaches ; il leur suffit de savoir que les animaux proviennent d'un pays étranger, jouissant de la réputation de produire

___

[1] Lettre adressée au Conseil général du Bas-Rhin.

de bonnes laitières, pour en faire l'acquisition avec une confiance illimitée. Il leur importe fort peu de savoir si le rendement du lait est en rapport avec les quantités de fourrages que ces animaux exigent, si la transmigration n'expose pas les sujets à des influences pernicieuses et enfin, si la souche de laquelle proviennent les animaux a été dans les conditions d'aptitudes que l'on cherche à conquérir pour nos races indigènes.

Toutes ces informations cependant, suivant M. de Saint-Ferjeux, ont une grande importance. « Si l'on ne s'informe point, dit-il, des qualités laitières de la souche à laquelle appartient, par exemple, un taureau que l'on achète, on ne pourra avoir des vaches laitières, on n'en obtiendra qu'exceptionnellement et que par hasard, car il est un fait bien reconnu, c'est que, généralement, les produits femelles tiennent leurs qualités du père, et les produits mâles, les qualités de leur mère. Si l'on a une vache bonne laitière, et qu'on ne l'accouple pas avec un taureau de race laitière, il est presque certain que les vaches que l'on obtiendra n'auront point les qualités de leur mère.

Si le *Stut-booch* constitue une mesure de pécaution indispensable là où l'on poursuit sérieusement le perfectionnement ou le maintien des aptitudes acquises, son établissement n'est pas moins nécessaire lorsqu'il s'agit de la conservation de la forme extérieure des animaux. Ceci nous amène naturellement à dire un mot de l'importance qu'il faut attacher à la constitution apparente des races bovines.

Il ne peut être ici question de déterminer les caractères du beau dans les productions de la nature, c'est-à-dire d'un jugement esthétique. En toute chose la beauté nous semble être relative, et n'être réelle, que lorsqu'elle répond, ou au désir que nous éprouvons, ou à l'intérêt qui nous guide. Ce principe, toutefois, ne doit pas nous faire accepter, suivant un littérateur célèbre, le laid pour le beau. En un mot, une défectuosité, dans les proportions ordinaires, qui nous choque et nous repousse ne sera jamais conforme au sens que l'on attache à l'idée que l'on peut avoir sur la beauté d'un animal. Pour la boucherie le type le plus parfait est évidemment représenté par la race Durham, d'abord à cause de sa précocité et la finesse de sa charpente osseuse et ensuite, à cause de l'énorme développement de ses chairs et de sa graisse. Pour le travail, au contraire, on recherche des membres plus forts, des jambes plus élevées et plus nerveuses, des jarrets plus larges, une tête plus fine et enfin un ventre moins pendant. Pour les vaches laitières le type est plus difficile à définir. A part les signes extérieurs auxquels on croit pouvoir reconnaître les qualités laiteuses, on peut dire que la secrétion du lait caractérise plus ou moins toutes les races qui habitent les climats tempérés : sur le littoral hollandais les vaches laitières sont souvent maigres et élancées, tandis que dans d'autres contrées elles se rapprochent de la forme des bêtes de boucherie. En somme, au lieu de se rapprocher des contours dont l'ensemble serait agréable à nos yeux, le type de la vache laitière s'en éloigne généralement.

« Le plus souvent, dit M. Magne, les vaches très-bonnes laitières sont anguleuses et paraissent plus ou moins décousues. » Suivant le savant professeur de l'école impériale d'Alfort, on trouverait rarement des glandes mammaires très-actives, avec les formes gracieuses, potelées, qui constituent ce qu'on appelle vulgairement *beauté* dans les quadrupèdes. Elles peuvent être néanmoins aussi bien conformées quant à la charpente osseuse, que les vaches remarquables par l'aptitude à s'engraisser où à travailler. Rarement en état d'embonpoint, elles sont minces et ont les saillies osseuses très-proéminentes, du moins pendant qu'elles donnent du lait.

« En outre, dit encore M. Magne, le régime auquel on soumet les laitières tend à faire paraître, quand elle sont âgées, la poitrine étroite et le ventre gros. Il en résulte que le corps paraît resserré, sanglé au milieu de la poitrine. La graisse qui, comme on sait, s'accumule surtout dans les vides qui existent autour des organes et en particulier derrière l'épaule, est peu abondante et manque dans cette région. Cette conformation disgracieuse, conséquence de la maigreur produite par le régime auquel les vaches sont soumises, et de l'épuisement qu'occasionne la secrétion des mamelles, à été souvent confondue avec l'étroitesse constitutionnelle du corps. On a été jusqu'à la considérer comme un caractère essentiel d'une grande activité des glandes mammaires. En attribuant cette importance à l'exiguité de la poitrine, ajoute M. Magne, on a confondu l'effet avec la cause. »

Nous ne saurions trop recommander aux éleveurs alsaciens le livre de M. Magne traitant du *choix des vaches laitières* [1]. C'est un aperçu à la fois rapide et substantiel de tous les systèmes qui ont été élaborés, jusqu'à ce jour, à ce sujet. Il est de nature non-seulement à servir de

---

[1] Paris, librairie agricole de la maison rustique, rue Jacob, 26.

guide à nos cultivateurs dans l'entretien des races bovines mais encore à nos comices agricoles. Trop souvent, dans les concours organisés par ces sociétés, les jurys se laissent influencer par les *contours gracieux* et les *formes potelées* sans se rendre exactement compte du but de l'élevage des sujets exposés.

« Des génisses élevées avec des aliments succulents, dit M. Magne, avec des farines et des tourteaux, sont grasses, à corps cylindrique, très-bonnes pour la boucherie, mais médiocres pour donner du lait... Il arrive assez souvent que, près des villes, des propriétaires ayant de belles et excellentes vaches, de jolies chèvres, bonnes, très-bonnes pour le lait, veulent en conserver la race ; ils élèvent des génisses et des chevrettes, les soignent et les nourrissent très-bien. Nous n'en avons jamais vu qui aient produit de très-bonnes laitières. »

« Ont également peu de qualités, fait encore remarquer M. Magne, celles qui broutent sur des pâturages secs, peu fertiles, où l'herbe est plutôt très-nutritive qu'abondante, tandis que les herbes abondantes, mais *peu substantielles*, la dépaissance sur les herbages frais, favorisent la production de bonnes vaches. »

Ce sont là des faits très-instructifs que le savant professeur ne signale sans doute qu'à la suite de nombreuses observations. Ces faits sont assurément d'une haute valeur pour l'Alsace où l'on ne poursuit dans l'élevage, ni un but déterminé, ni un principe arrêté. Il en résulte que, dans ces circonstances et lors des expositions publiques des animaux, les jurys ont une mission à la fois difficile et délicate à remplir. N'ayant ni de but bien déterminé à encourager, ni un principe basé sur des données scientifiques et pratiques à apprécier, il n'est pas surprenant de voir, parmi les membres même des jurys de nos comices, surgir quelquefois des discussions regrettables, et les primes et les encouragements dont ils disposent, rester sans résultat dans l'amélioration de nos races bovines.

Ces considérations nous engagent à placer ici un exemple de la marche suivie par les sociétés anglaises lors des exhibitions des races bovines. L'échelle suivante, établie par des points et appliquée spécialement à l'appréciation de la race laitière de Jersey, fera immédiatement entrevoir au lecteur la méthode simple et facile qui guide les juges de ces concours.

APPRÉCIATION DES TAUREAUX.

Art. 1. Pureté connue du côté paternel et maternel d'une race donnant beaucoup de lait et de beurre . . . . 4 points.

Art. 2. Tête fine et pointue, joues étroites, bouche fine et à bords blancs, narines hautes et ouvertes, cornes lisses, annelées, pas trop épaisses à leur base et se terminant en pointes, noires à l'extrémité; oreilles petites, de couleur orange à l'intérieur, yeux grands et vifs . . . . 8 —

Art. 3. Encolure fine et légère, bien remplie vers les épaules, poitrail large, corps en forme de tonneau, profond, les côtes s'étendant jusque près des hanches . . . . 3 —

Art. 4. Dos droit du garrot jusqu'à l'attache de la queue, en angle droit avec celle-ci, queue fine, descendant jusqu'à deux pouces au-dessus du jarret . . . . 5 —

Art. 5. Peau fine et lâche, souple, bien garnie de poils mous et fins de bonne couleur . . . . 3 —

Art. 6. Les avant-bras larges et robustes, les jambes courtes et droites, grosses et pleines au-dessus des genoux et fines en dessous . . . . 2 —

Art. 7. Quartier de derrière, depuis la hanche jusqu'à l'extrémité du dos, long et bien rempli, les jambes de derrière peu obliques dans la marche . . . . 2 —

Art. 8. Croissance . . . . 1 —

Art. 9. Apparence générale . . . . 2 —

Perfection . . . . 28 points.

Aucun prix n'est accordé pour un taureau qui n'obtient pas au moins 20 points.

Il est inutile de transcrire également les divers articles qui se rapportent aux vaches et génisses. Cet exemple est certainement suffisant pour démontrer, d'une part, le procédé méthodique que l'on emploie et, de l'autre, l'importance que nos voisins attachent à leurs exhibitions. Nous regrettons de ne pas posséder des documents relatifs au procédé usité dans nos concours régionaux; il doit y avoir évidemment, entre le procédé anglais et celui qui guide les appréciations en France, de l'analogie sous plus d'un rapport. Nous ferons toutefois remarquer que l'échelle doit nécessairement varier suivant les races, suivant leur destination et suivant les localités.

Mais ce n'est pas seulement dans les concours que des principes raisonnés seraient nécessaires pour guider ceux qui ont à décerner des récompenses. C'est à nos populations agricoles, à nos éleveurs, à nos paysans comme à nos montagnards qu'il faudrait pouvoir faire connaître la nécessité et l'importance d'observer, dans l'élevage, des principes généraux qui, dès la naissance du veau, les guiderait plus surement que ne peuvent le faire les constellations planétaires! N'est-il pas déplorable de voir encore aujourd'hui des détenteurs d'animaux consulter, par exemple, l'état de la lune au moment de la parturition et considérer cet état comme pronostic des aptitudes futures de l'animal nouveau-né.

Telle est cependant, dans bien des contrées de notre Alsace, dont les populations sont si laborieuses, l'unique indication qui les guide dans le choix des veaux destinés à vivre ou à être livrés au boucher. Mais ce n'est pas seulement au moment de sa naissance que le préjugé et l'ignorance entourent souvent l'animal; arrivé à l'âge d'adulte, il est encore soumis à d'autres influences mystérieuses qui l'empêchent tantôt à prendre graisse, tantôt à donner un lait abondant.

C'est ainsi qu'un riche propriétaire nous disait un jour, avec une conviction inébranlable, que c'était sa vieille et misérable voisine qui, par des maléfices, l'empêchait depuis de longues années de réussir dans l'entretien de son bétail.

En effet, chaque année notre riche propriétaire achète des bêtes bien portantes et les revend chaque année dans un état de dépérissement complet. Mais il suffit de jeter un coup-d'œil dans l'intérieur de ses étables, sur la malpropreté qui y domine, sur les portes et fenêtres mal jointes donnant passage à des courants-d'air même au milieu de l'hiver, et on devinera facilement le motif véritable des mécomptes qui en résultent.

Mentionnons encore, avant de terminer ce chapitre un exemple de traitement curatif, opéré tantôt par des bouchers ruinés, tantôt par des maréchaux-ferrants qui, abusant de la crédulité et souvent de l'ignorance des populations rurales, exercent encore, à l'heure qu'il est, publiquement et impunément le métier de vétérinaire.

Une vache est-elle triste, son appétit lui fait-il défaut, son poil est-il hérissé et sa peau adhérente, on décide immédiatement qu'elle est possédée par un esprit malin. Pour chasser l'hôte incommode on pratique à l'extrémité de la queue de l'animal malade deux incisions en croix, on en tire quelques gouttes de sang et, si la bête ne guérit pas dans quelques temps, c'est que le détenteur de la bête n'avait pas suffisament de foi dans l'opération mystique [1].

Nous demandons pardon à nos lecteurs de nous être arrêté à ces préjugés, mais qui sont d'autant plus fâcheux qu'ils constituent, en face du progrès, des obstacles sérieux. Hâtons-nous cependant d'ajouter que le campagnard alsacien est généralement l'ami des animaux domestiques, qu'il les traite avec douceur et qu'il ne repousse pas systématiquement les conseils qu'on lui donne et que, si le jugement, basé sur des données de la science lui fait souvent défaut, c'est peut-être moins la faute de celui qui pioche la terre à la sueur de son front que la faute de ceux qui ont mission de l'éclairer et de l'instruire.

X.

Jusqu'ici deux points principaux ressortent évidemment de ces études. D'abord, c'est l'alternative fréquente des années de disette et d'abondance et qui réclame pour notre province, pour les plaines sur-

---

[1] Une *Société de vétérinaires d'Alsace*, dit-on, est sur le point de se former ; son but sera de maintenir l'exercice de l'art dans les voies utiles au bien public et à la dignité de la profession ; de se rendre utile à l'administration et à l'agriculture, de contribuer aux progrès de la science vétérinaire, et de rendre cette profession aussi considérée qu'elle doit l'être.

Il est de fait que la considération accordée par nos populations agricoles à l'art vétérinaire laisse beaucoup à désirer. D'un autre côté, et malheureusement, le nombre des vétérinaires est trop petit et les distances qui les séparent, les uns des autres sont souvent trop grandes pour avoir recours à eux au moment même où leur présence serait nécessaire. Cette circonstance contribue évidemment à l'opiniâtreté avec laquelle les campagnards restent attachés aux médecins empiriques des communes.

Espérons que la sympathie publique ne fera point défaut à la société en question dont l'utilité semble être à tous égards incontestable.

tout, un bétail à la fois sobre, propre à surmonter les privations, et apte à prospérer par des temps propices. Ensuite, c'est la grande diversité de nos cultures, et la variété des besoins qui en sont les conséquences.

Cette diversité de nos cultures et de nos besoins exige incontestablement une variété plus ou moins étendue dans nos races bovines. Ce ne sont donc, ni les animaux du Simmenthal, ni ceux de la Hollande septentrionale, dont nous avons décrit les caractères généraux et qui sont introduits en Alsace par l'entremise des comices agricoles, qui donneraient satisfaction aux nombreux besoins de nos populations rurales.

D'un autre côté, cette introduction a pour conséquence absolue d'obliger nos éleveurs, pour atteindre une amélioration quelconque, d'opérer exclusivement ou par *acclimatation* ou par *croisement*.

L'acclimatation consiste, on le sait, à accoutumer les animaux à la température et aux influences d'un nouveau climat. Nous avons démontré, dans les chapitres précédents, les inconvénients qui résultent généralement de ces transmigrations [1].

Quant au croisement des races, il a été démontré également que celui qui consiste à accoupler des races de caractères, d'aptitudes et de conformations très-distinctes, n'a produit, en Alsace, depuis plus d'un demi-siècle, aucun résultat avantageux. Il en sera probablement de même du croisement entre des races similaires. Il est évident que les résultats, que l'on obtiendra par ce dernier procédé, ne dépasseron

---

[1] Suivant M. Magne les vaches n'arrivent pas directement chez les nourrisseurs de Paris en quittant la Flandre ou la Normandie; elles séjournent le plus souvent, les Flamandes, dans les départements de la Somme, de l'Oise, de Seine-et-Oise, et les Normandes, dans ceux de l'Eure, d'Eure-et-Loire et de Seine-et-Oise. Les nourrisseurs préfèrent les vaches qui ont passé dix-huit mois ou deux ans dans une ferme de la Picardie : *Elles se mettent à table en arrivant*, disent-ils ; tandis que celles qui arrivent *directement* des pays de production regrettent les pacages et *s'acclimatent toujours difficilement*. Elles restent deux ou trois mois sans se faire à la nouvelle nourriture et trop souvent elles dépérissent. Ajoutons que lorsqu'il est possible d'acclimater des animaux, il s'opère toujours des changements qui mettent leur organisation en rapport avec les climats où ils sont destinés à vivre et que, par conséquent, la disparition des caractères et des aptitudes originaires dans les générations suivantes en est, nécessairement, une suite inévitable.

pas les limites de la similarité, et ne produiront, par conséquent, point de changement important.

Ces deux procédés, c'est-à-dire, l'acclimatation et le croisement, nous semblent donc être hérissés d'autant plus de difficultés que, d'une part, on a à lutter contre les influences et du ciel et du sol et que, de l'autre, il est bien difficile de découvrir, au-delà de nos frontières, les races ou hétérogènes ou similaires, qui conviendraient, sous tous les rapports, à notre bétail indigène.

Nous persistons, par conséquent, à croire que la sélection qui, non seulement éliminerait toutes ces difficultés, mais qui rendraient encore les opérations moins compliquées et surtout moins coûteuses, serait le seul procédé à même de conduire à bonne fin nos entreprises d'amélioration.

Malheureusement, ce procédé, si facile comme opération zootechnique, rencontre à son tour, et en Alsace surtout, des entraves difficiles à surmonter et que nous avons, du reste, déjà fait prévoir à la fin du chapitre II de ce travail.

Ces entraves sont de nature différente ; les unes proviennent de l'inexpérience et, il faut bien le dire, de l'ignorance de nos cultivateurs en matières zootechniques ; les autres sont purement administratives et découlent de la loi du 11 frimaire an VII, relative aux pâtres et aux troupeaux.

Le manque de connaissances zootechniques se manifeste, non seulement dans le choix des reproducteurs mais aussi dans le choix des veaux destinés à l'élevage. Nous venons de dire combien il est regrettable de voir ce choix soumis très-souvent à l'influence planétaire. Ajoutons encore, ce qui n'est pas moins déplorable, que, par une économie assurément très-mal entendue, les plus beaux veaux sont généralement vendus au boucher. Cependant, c'est autant du choix que des soins dont on entoure l'animal, dès les premiers temps de sa vie, que dépendent, en grande partie, la conformation de son corps et le *développement* de ses aptitudes.

« La conformation, d'après M. Baudement, à laquelle la pratique attache tant d'importance, n'est pas une cause c'est un effet, c'est la résultante de toutes les forces physiologiques diversement mises en jeu, et recevant leur première impulsion de la manière dont l'animal a été nourri et traité dès les premiers temps de sa vie. Aussi le mode d'élevage dans le jeune âge renferme-t-il, en définitive, tout le problème

de la création et de l'amélioration des races [1]. C'est là la conséquence
pratique, essentielle, qui ressort de cette manière de comprendre la
formation des machines animales ; la pratique lui donne l'appui de son
expérience [2]. »

Quel que soit, par conséquent, le procédé employé pour perfectionner le bétail, le choix et le traitement des élèves en sera toujours l'une
des conditions fondamentales et doit fixer, au plus haut degré, l'attention de l'éleveur. Nous n'avons pas à nous occuper ici de la nature des
soins que réclame le jeune animal, ni des conditions zootechniques
qui doivent guider le choix des veaux. Nous ne pouvons que déplorer de
voir nos cultivateurs attacher, en général, si peu d'attention et si peu
d'importance aux conditions dont il s'agit.

A part cette indifférence qui rend la sélection difficile, nous avons à
nous occuper des autres entraves, résultant de la loi que nous venons
d'indiquer, et que nous trouvons, principalement, dans la manière
dont les reproducteurs mâles sont logés et entretenus dans nos campagnes.

Avant la promulgation de la loi du 11 frimaire an VII, il y avait, dans
une notable partie des villages d'Alsace, ce qu'on appelait alors le
taureau banal, c'est-à-dire, le taureau appartenant au seigneur du
village, et par lequel les habitants devaient faire saillir les vaches. Là,
où il n'existait point de seigneurie, les villages se pourvoyaient euxmêmes d'un ou de plusieurs taureaux qui étaient entretenus aux frais

[1] C'est évidemment aller à l'extrême, l'élevage a une influence très-puissante
sur la conformation, mais on ne saurait lui attribuer la conformation totale de
l'animal. M. Sanson va même plus loin que M. Baudement et considère les aptitudes de l'animal comme conséquences du traitement du veau. « De la manière,
dit-il, dont l'animal a été nourri et traité dès les premiers temps de sa vie, dépendent *uniquement ses aptitudes* et sa conformation. » D'un autre côté, M. Jean
Kiener, jeune, soutient, à la suite de nombreuses expériences, que l'on peut
développer, arrondir les masses musculaires de l'animal par le régime alimentaire,
mais que le *squelette reste constamment réfractaire à ces procédés*. Cette dernière
opinion nous paraît seule rationelle. Nous la citons, d'autant plus volontiers,
qu'elle nous semble être de nature à empêcher les éleveurs d'entreprendre des
expérimentations et des spéculations inutiles et même désastreuses.

[2] Voyez : Observations sur les rapports qui existent entre le développement de
la poitrine, la conformation et les races bovines. *Annales du Conservatoire des
arts et métiers. 1861.*

de la commune : le taureau, confié aux soins du pâtre ou d'un gardien [1], était logé dans une construction communale, et les terrains communaux nécessaires à la production des fourrages, étaient concédés au gardien.

Depuis, une nouvelle législation est intervenue ; elle s'est basée sur ce principe que les dépenses, relatives à la garde du troupeau, comme au service de la reproduction, ne peuvent être municipales, en ce sens, que la caisse municipale ne doit pas fournir les fonds nécessaires à l'entretien du taureau, mais que ces dépenses doivent être supportées, *proportionnellement, par ceux qui en profitent.*

A la suite de cette loi les terrains communaux, dont nous venons de parler, ont dû recevoir une autre destination ainsi que le logement communal du taureau. L'entretien de celui-ci devenait ainsi une entreprise privée que les municipalités concédèrent, et concèdent encore aujourd'hui, par voie d'enchères au rabais, ou quelquefois sous forme de marché à l'amiable.

Cette réforme nécessita naturellement des mesures toutes nouvelles, d'abord, pour établir une répartition équitable et proportionnelle entre les nombreux détenteurs d'animaux, et ensuite pour donner à l'entrepreneur certaines garanties dans le recouvrement des sommes qui lui seraient dues. A cet effet, on organisa une espèce d'association entre les détenteurs de bêtes bovines. L'association fut placée sous la protection et sous la surveillance des autorités départementales et communales, et enfin basée sur une véritable échelle mobile, réglant les cotisations ou, pour employer le terme usité dans nos campagnes, les *contributions.*

Cette association est fondée sur une échelle mobile, en ce sens que, dans une commune rurale, chaque propriétaire de bêtes à cornes ne contribue pas invariablement, suivant le nombre de têtes de bétail qu'il possède, mais suivant le nombre des bêtes à cornes qui existent dans la commune, et qui varie souvent, selon l'abondance ou la pénurie des

---

[1] Il faut faire une différence entre le pâtre et le gardien. Le pâtre est celui qui conduit le troupeau au pâturage ; le gardien, celui qui est chargé de l'entretien du taureau. Dans les circulaires de MM. les préfets, relatives à l'entretien du taureau, le gardien est le plus souvent désigné sous le nom d'*entrepreneur.* Les fonctions de pâtre et de gardien sont quelquefois réunies ; mais, le plus souvent, séparées.

fourrages, et enfin selon d'autres circonstances encore dont il sera question tout-à-l'heure.

Si le nombre des vaches formant le troupeau de la commune s'élève, par exemple, à 50 têtes, les frais d'entretien du taureau sont divisés par le chiffre 50 et répartis entre les propriétaires. Or, si les frais d'entretien, y compris les frais d'acquisition du taureau, les frais du logement, ainsi que le salaire du gardien, montent à 600 fr. par an, la cotisation individuelle et par tête de bétail sera de 12 fr. ce qui fera, en admettant une moyenne de 2 à 3 vaches par propriétaire, une somme annuelle de 24 fr. à 36 fr. à payer.

La cotisation cependant n'atteindra que la moitié de ce chiffre, si le nombre de têtes, composant le troupeau, s'élève à 100 au lieu de 50. Elle ne sera que du tiers, si au lieu de monter à 100, elle s'élève jusqu'à 150. Dans ce dernier cas la contribution individuelle, et par tête de bétail, ne sera que de 4 fr. à condition que les frais d'entretien ne dépassent pas, comme nous venons de le dire, 600 fr. par an.

Pour établir équitablement cette répartition, l'administration municipale fait dresser, annuellement, une liste divisée en deux colonnes dont l'une porte les noms des propriétaires, et l'autre le nombre des animaux qu'ils possèdent. Cette liste est finalement affichée à l'entrée de la maison communale, et porte l'invitation de verser les cotisations entre les mains du percepteur qui, après en avoir prélevé 2 p. 100 comme frais de perception, les reverse entre les mains du gardien ou entrepreneur.

Ce mode de versement a ainsi lieu, en vertu de la loi municipale du 18 juillet 1837, suivant laquelle « *ces sortes de taxes doivent être réparties par délibération du conseil municipal, approuvées par le préfet et perçues suivant les formes établies pour le recouvrement des contributions publiques.*

Nous venons de dire que la rétribution annuelle accordée au gardien ou entrepreneur peut monter à environ 600 fr. Ce chiffre toutefois varie selon les localités [1] et suivant le nombre des concurrents qui se pré-

[1] Dans beaucoup de localités les administrations municipales ont su éluder la loi du 11 frimaire an VII, et conserver jusqu'aujourd'hui une quantité plus ou moins considérable de terrains communaux, qui continuent d'être affectés à l'entretien du taureau. Cette soustraction a principalement lieu dans les communes dont les maires appartiennent à des anciennes familles du pays, et qui tiennent,

sentent à l'adjudication de l'entretien du taureau communal. Ces concurrents, généralement, ne se présentent pas en très-grand nombre, car les fonctions de gardien ne sont ni sans inconvénients ni sans dangers, et, par conséquent, loin d'être à la portée de chaque habitant de la commune.

Ces fonctions présentent des dangers en ce sens que, pour le maniement d'une bête aussi puissante qu'un taureau, il faut un homme courageux, ayant pour aide un homme également fort et hardi ; elles ont, d'autre part, l'inconvénient d'obliger le gardien d'être continuellement à la disposition des propriétaires qui mènent au taureau les bêtes en chaleur.

A part ces dangers et ces inconvénients, le gardien doit posséder un emplacement assez vaste et très-convenable pour loger l'animal en question. L'emplacement ne remplit pas, sous le rapport des convenances, les conditions nécessaires lorsqu'il se trouve enchevêtré dans d'autres habitations et que le taureau, pour rejoindre le troupeau, est obligé de passer sur des chemins ou dans des rues très-étroites et très-fréquentées, ce qui a lieu, le plus souvent, dans les contrées riches et populeuses de nos vignobles où les terrains ont un prix très-élevés. L'emplacement n'est pas convenable non plus quand, pour opérer l'accouplement, le gardien est obligé, faute d'espace, de lâcher le taureau sur la voie publique [1].

Ces circonstances feront facilement comprendre que le nombre des concurrents dont nous venons de parler, se réduit, le plus souvent,

par conséquent, aux anciens usages. Si cette soustraction est contraire à la loi, elle paraît, par contre, très-légitime aux populations. D'un autre côté, c'est à cette circonstance qu'il faut attribuer les renseignements contradictoires que l'on obtient sur les dépenses de l'entretien du taureau, car les rétributions, accordées à l'entrepreneur, varient nécessairement selon l'importance des terrains soustraits. Cette illégalité donne, du reste, le plus souvent lieu à des procès et à des contestations entre les communes et les entrepreneurs.

[1] Dans bien des communes d'Alsace il arrive annuellement des accidents fâcheux. Ce sont surtout les vieillards et les enfants qui, ne pouvant fuir rapidement, sont exposés à des dangers sérieux. On sait que le taureau se met facilement en fureur soit à la vue de couleurs qui lui déplaisent, soit à la suite d'autres contrariétés. L'anneau nasal n'est pas usité en Alsace et ne le sera sans doute que sur un arrêté de l'administration supérieure. L'usage de cet anneau n'a aucun inconvénient quand on n'en abuse pas pour tourmenter l'animal.

à un chiffre peu élevé ; ajoutons, à ces circonstances, celle encore que ces fonctions ne sont pas précisément ambitionnées par ceux qui savent se tirer d'affaires par d'autres occupations lesquelles, à tort ou à raison, sont généralement plus respectées dans nos communes rurales.

D'un autre côté, le bénéfice qui résulte de ces fonctions n'est pas très-séduisant. La rémunération s'élevant à environ 600 fr. le gardien est obligé de fournir, non seulement un taureau jeune et vigoureux, de le nourrir, de le loger, mais aussi de le faire remplacer par un nouveau taureau chaque fois que la commune le juge nécessaire.

L'ensemble de ces conditions, nous allons le voir, est le plus souvent très-funeste à l'état du bétail dans nos communes. Ces conditions s'opposent à tous les efforts que pourraient faire les éleveurs dans un but d'amélioration, et deviennent ainsi des entraves insurmontables à toutes les opérations de la sélection ou d'un croisement raisonné.

Pour que nous puissions développer notre assertion, le lecteur voudra bien se rappeler maintenant les conditions que nous avons décrites dans le chapitre précédent, et relatives au choix du taureau. Nous y avons dit que le propriétaire, comme les communes, qui ont intérêt à ne pas élever un bétail stérile ; qui ont à cœur de perfectionner celui qu'ils possèdent, doivent avant tout fixer leur attention sur le choix en question. Nous y avons dit également que le nombre de bêtes femelles doit être proportionné au mâle, et que ce nombre ne peut que rarement dépasser le chiffre de 60 ou 80.

Or, il y a des communes où le nombre de vaches désservies par un seul taureau atteint, non seulement le chiffre que nous venons de désigner, mais où il s'élève même jusqu'à 100, quelque fois jusqu'à 150 ; et dans la commune que nous habitons il monte, depuis bien des années, jusqu'à 178. Ce chiffre de 178 est inscrit sur le registre communal et approuvé par l'administration municipale.

Il faut nécessairement se demander comment l'administration municipale d'une commune, dans laquelle l'agriculture domine toutes les autres industries, peut tolérer et même approuver un état pareil ? La réponse est facile : c'est parce que dans les administrations municipales de nos campagnes on s'occupe fort peu de questions zootechniques ; nous doutons même que les controverses ardentes au sujet de l'atavisme, de la consanguinité, du croisement et de la sélection, qui intéressent cependant à un si haut degré l'économie du bétail, et qui ont pénétré jusqu'au sein de l'Académie des sciences de Paris, parviennent jamais à se frayer un passage jusque dans les assemblées présidées par les maires de nos villages.

Mais ce qui préoccupe, et ce qui intéresse plus directement nos administrations municipales, c'est la répartition des cotisations destinées à l'entretien du taureau. Or, comme ces cotisations deviennent plus faibles à mesure que le nombre de bêtes femelles grandit, on juge, le plus souvent, prudent de tolérer l'état regrettable des choses — si toutefois il est considéré comme tel — plutôt que d'augmenter les cotisations. On juge d'autant plus prudent de tolérer l'état dont il s'agit, que ces cotisations sont considérées, par le plus grand nombre de nos campagnards, dont les connaissances administratives sont fort peu développées, comme contributions directes ou foncières payées à l'Etat.

Il résulte naturellement de ces circonstances que le reproducteur mâle, se trouvant à la tête d'un troupeau d'environ 150 bêtes, est totalement épuisé en peu de temps ; surtout lorsque le troupeau est conduit, pendant six mois de l'année, sur des pâturages communaux, éloignés quelquefois à plusieurs kilomètres du village [1].

Mais cet épuisement précoce du taureau, nous dira-t-on, est prévu par les conditions imposées à l'entrepreneur qui, suivant le cahier des charges, est obligé de le faire remplacer chaque fois que la commune ou ses représentants le juge nécessaire.

Malheureusement, l'observation de cette condition rencontre, à son tour, bien des difficultés par la simple raison qu'elle est souvent contraire aux intérêts pécuniaires du gardien dont les finances disponibles ne se prêtent pas toujours à l'acquisition réclamée par les habitants de la commune. C'est à ce moment que des discussions, souvent regrettables, et des appréciations très-contradictoires s'engagent entre les mandataires de la municipalité et le gardien. Ces discussions sont rarement parlementaires. L'entrepreneur qui d'abord, par esprit d'économie, avait cherché d'entretenir le taureau avec le moins de frais possible, économie qui, malheureusement, est parfois trop visible sur les flancs décharnés du pauvre animal, s'obstine ensuite à trouver son animal très-valide et très-capable de faire le service que l'on exige de

---

[1] Nous avons vu des troupeaux de 300 têtes desservis seulement par deux taureaux. La proportion entre les bêtes mâles et le troupeau n'est généralement observée que dans les communes jouissant des soustractions des terrains communaux dont il a été question plus haut.

lui, et refuse, en conséquence, de faire l'acquisition demandée. Dans
ces cas, et lorsqu'un arrangement à l'amiable est devenu complètement
impossible entre les parties intéressées, on a, des deux côtés, recours
au vétérinaire du canton, qui est appelé à juger la question en dernier
ressort.

Mais la position du vétérinaire, en des circonstances pareilles, est
souvent très-embarrassante. Au point de vue de l'art, il est vrai, son
jugement est bien vite formé; mais, le plus souvent, la zootechnie et
toutes les autres sciences, laborieusement acquises par l'artiste, sont
moins consultées que ne l'est l'usage du pays. Le gardien fait remarquer,
au vétérinaire, que le taureau en litige lui a coûté la même somme que
le précédent qui avait duré une année de plus ; que son taureau est en
tout aussi bon état que ceux des villages voisins, et que, si l'animal est
maigre, c'est parce que l'année a été trop sèche ou trop humide et que
les fourrages n'ont pas réussi, et enfin, il déclare que si la commission
municipale a l'intention de le ruiner, il préfère renoncer immédiatement à ses fonctions.

C'est là, comme nous venons de le dire, que commence l'embarras
du vétérinaire, car, évidemment, tous les arguments invoqués par le
gardien ne sont pas du domaine de la science. C'est donc en vain que
le vétérinaire cherche à concilier les partis. Les délégués municipaux,
à leur tour, continuent à insister sur leur réclamation, en s'appuyant
sur le cahier des charges qui stipule le renouvellement du taureau, non
pas périodiquement, mais chaque fois que c'est jugé nécessaire par la
commune. Le gardien ne persiste pas moins à soutenir qu'on le poursuit par des chicanes, et le vétérinaire, voyant parfaitement que la
source de la discussion découle du trop grand nombre de têtes de bêtes
femelles qui composent le troupeau, signale en vain la cause du mal.
Finalement le vétérinaire se retire en haussant les épaules ; le gardien
s'en va de son côté, en jurant les grands dieux que l'on est injuste à
son égard, et la délégation municipale se sépare avec la résolution bien
arrêtée de destituer le gardien.

Mais, le plus souvent, la destitution est plus facile que le remplace-
ment à cause des motifs que le lecteur connaît. Les jours, les semaines,
l'année entière s'écoulent, et le taureau, quoiqu'il ait laissé stériles la
moitié des vaches dans la commune et que les veaux auxquels il a donné
le jour soient de constitution chétive, sort néanmoins victorieusement
de la lutte parlementaire que nous venons de décrire.

En théorie il y a un moyen bien simple de remédier à l'état de choses que nous signalons, ce serait d'obliger l'entrepreneur d'avoir deux ou trois taureaux au lieu d'un, et de payer en conséquence. Mais, en pratique, il faut avoir, à cet effet, le consentement des contribuables dont les deux tiers sont des gens peu aisés et qui gagnent péniblement le nécessaire à l'entretien de leurs familles. Ils n'entendent pas voir augmenter leurs contributions ou cotisations et sont, généralement, faute de connaissances suffisantes, plutôt disposés à mettre le mauvais état du taureau communal sur le compte de l'entrepreneur, que d'en accuser le trop grand nombre de têtes composant le troupeau.

A différentes reprises déjà, cet état de choses a rendu nécessaire l'intervention des administrations supérieures des départements du Haut et du Bas-Rhin. Nous avons sous les yeux divers documents relatifs à ce sujet, et notamment une circulaire de M. Migneret, datée du 30 janvier 1864, qui est de nature à prouver au lecteur combien sont grandes les dissensions fâcheuses qui surgissent, à tout moment, entre les administrations municipales, les entrepreneurs et les habitants des communes.

Cette circulaire est adressée par M. *Migneret*, ancien préfet du Bas-Rhin, à MM. les sous-préfets et maires de ce département.

Dans la question qui nous occupe, ce document est d'une trop haute importance pour ne pas être reproduit ici.

Le voici textuellement :

« Je remarque que, depuis quelque temps, de fréquentes contestations s'élèvent dans les communes à l'occasion de l'entretien des taureaux banaux, et que les administrations municipales se trouvent engagées dans des contestations regrettables.

« Deux circulaires insérées au *Recueil des actes de la préfecture*, sous les dates du 12 mars 1844 et du 16 février 1850, ont eu déjà pour but de rappeler à MM. les maires que l'entretien des animaux reproducteurs, taureaux, verrats et autres, n'était pas un objet dévolu par les lois aux soins des administrations communales, que l'intervention des communes devait se borner à donner des encouragements aux éleveurs, quand les ressources budgétaires le permettaient.

« Malgré les recommandations qui ont eu lieu à ce sujet, on continue, dans la plupart des localités, à faire de l'entretien des taureaux banaux l'objet d'une entreprise concédée, au nom de la commune, par voie d'adjudication publique. Dans d'autres localités, le maire, agissant au nom de la commune, passe avec les entrepreneurs, des marchés à l'amiable, à des conditions qui conduisent aux mêmes inconvénients que les adjudications.

« En effet , dans les deux cas, il existe entre la commune et l'entrepreneur un contrat avec des engagements réciproques. Or, que l'une ou l'autre des clauses de ce contrat donne lieu à contestation, la commune se trouve entraînée dans un procès , et cela , comme je l'ai dit, pour une affaire où elle n'avait pas à intervenir , au moins comme partie contractante.

« Remarquez , Messieurs, que je ne repousse pas absolument l'intervention administrative en cette matière. Les intérêts de l'agriculture sont trop étroitement liés à une bonne reproduction du bétail, et à l'amélioration des races, pour que les administrations des communes puissent demeurer indifférentes à ce résultat.

« Seulement , il importe que leur intervention soit contenue dans de justes limites, et il est certain qu'on n'a pas agi toujours à cet égard avec assez de prudence ni avec assez de régularité. Il en est résulté , comme je l'ai dit plus haut, de nombreuses difficultés. Afin d'en prévenir le retour, je viens de prendre un arrêté que vous trouverez à la suite de cette circulaire et qui établit les règles à observer par les communes du département, lorsqu'elles voudront, dans l'intérêt de l'agriculture , encourager l'élève d'animaux reproducteurs.

« J'appelle toute votre attention sur les dispositions de cet arrêté et je vous invite à vous y conformer à l'avenir rigoureusement. »

Voici maintenant le texte de l'arrêté :

« Nous Préfet du Bas-Rhin ,

« Considérant que l'entretien des animaux reproducteurs, taureaux , verrats , etc., n'est pas un service communal; que c'est par conséquent à tort que, dans un grand nombre de localités du département, les administrations municipales concèdent ces sortes d'entreprises, au nom de la commune, par voie d'enchères au rabais , ou sous forme de marchés à l'amiable.

« Considérant d'ailleurs que cet usage a pour les communes de funestes conséquences , d'une part, parce qu'en cas de non-valeurs dues par les habitants, c'est la commune, responsable de l'exécution du marché, qui est tenue d'indemniser l'entrepreneur ; d'autre part, à cause des contestations nombreuses auxquelles le service , dont il s'agit , peut donner lieu entre la commune et l'entrepreneur , contestations qui amènent presque toujours des procès et entraînent à des dépenses que les caisses municipales ne sont pas en mesure de payer.

« Considérant toutefois que , s'il importe de faire cesser les abus résultant d'une immixtion exagérée des communes dans l'élève du bétail, les sacrifices que les administrations municipales seraient disposées à faire , dans de justes limites, en faveur d'un objet qui intéresse à un si haut degré l'agriculture, méritent d'être encouragés , mais qu'il convient de faire connaître les conditions sous lesquelles l'approbation préfectorale pourra être donnée à cette dépense.

« Arrêtons :

« Art. 1er. A partir de ce jour , ne seront plus approuvées par nous les concessions faites par les administrations municipales , au nom des communes , soit par adjudication au rabais, soit sous formes de marchés à l'amiable, des entreprises dites *entretien des bêtes mâles.*

« Art. 2. Les communes, auxquelles leurs ressources le permettent, pourront inscrire annuellement dans leurs budgets une certaine somme pour encouragement aux éleveurs d'animaux reproducteurs.

« Un règlement, adopté en conseil municipal et approuvé par nous, déterminera les conditions auxquelles l'obtention des encouragements sera subordonnée.

« L'entrepreneur du service des bêtes mâles sera tenu, pour avoir droit aux primes communales, 1° de se faire agréer par le conseil municipal, comme étant en état de pourvoir à un bon choix et à un bon entretien des animaux ; 2° de ne pas exiger par saillie un prix plus élevé que celui fixé comme maximum par le conseil municipal [1] ; 3° de se soumettre, à l'avance, à la décision d'une commission dont le mode de nomination sera déterminée par le conseil municipal, et qui sera chargée de statuer, en dernier ressort, sur l'allocation des primes.

« Art. 3. Dans les communes où il se formerait des associations syndicales ayant pour objet l'entretien d'animaux reproducteurs, la recette et la dépense seront faites par le syndicat lui-même et par le membre qu'il aura désigné. Les comptes relatifs à cet objet seront complètement distinct et détachés de la gestion communale.

« Art. 4. Dans aucun cas, les dispositions qui seraient prises en vertu du présent arrêté ne pourront faire obstacle au droit qu'à chaque habitant d'entretenir des animaux reproducteurs et les mettre à la disposition des éleveurs aux conditions qu'il juge convenables.

» Signé : MIGNERET. »

Ce document nous fait voir que malgré les circulaires insérées à différentes reprises au *Recueil des actes de la préfecture,* on ne continuait pas moins au 30 janvier 1864, dans la plupart des localités, à faire de l'entretien des taureaux banaux ou communaux, l'objet d'entreprises concédées au nom de la commune.

Suivant ce document l'usage dont il s'agit aurait pour les communes de *funestes conséquences,* d'une part, parce qu'en cas de non-valeurs sur les cotisations dues par les habitants, c'est la commune responsable de l'exécution du marché, qui est tenue d'indemniser l'entrepreneur ; d'autre part à cause des contestations nombreuses auxquelles

---

[1] L'usage de payer par saillie n'a généralement lieu que dans les communes où l'entretien du taureau est une entreprise privée. Ces entreprises sont fort rares faute de grandes exploitations. Dans les communes où il existe un traité quelconque avec l'entrepreneur, le prix des saillies est naturellement compris dans les cotisations. (*Note de l'auteur.*)

le service en question, peut donner lieu entre la commune et l'entrepreneur.

Que l'on veuille bien nous permettre de faire quelques observations au sujet de ces derniers arguments. Vivant au milieu des cultivateurs, nous croyons avoir appris à connaître une partie des causes qui empêchent le progrès, tout aussi bien que nous croyons entrevoir, d'un autre côté, les nombreuses difficultés qui se présentent dans une administration supérieure, quelles que soient d'ailleurs et la bonne volonté et la sollicitude dont elle est animée !

Les observations que nous nous permettrons de faire auront donc moins pour but de combattre des arguments ou des opinions émises par un administrateur qui a laissé de si excellents souvenirs dans notre province, que de contribuer, dans la limite de nos moyens, à éclairer une question dont l'importance n'est contestée par personne.

Nous dirons donc que les conséquences résultant des non-valeurs sur les cotisations dues par les habitants de la commune, nous paraissent non-seulement moins funestes qu'à M. Migneret, mais qu'elles nous paraissent avoir peu de gravité, par la raison toute simple que, suivant l'article 44 de la loi municipale du 18 juillet 1837 ces cotisations ou taxes sont *perçues*, comme nous l'avons déjà fait remarquer plus haut, *suivant les formes établies par le recouvrement des contributions publiques.*

« *Les sommes ainsi réparties*, disait en 1848 M. le Ministre de l'Intérieur, *peuvent être portées en recettes et en dépenses dans les budgets communaux et versées dans la caisse communale pour être appliquées aux dépenses qu'elles concernent, puisque l'article 44 précité qui établit une recette autorise implicitement une dépense.* »

Les arguments invoqués par M. Migneret, et basés sur les difficultés que présenteraient le recouvrement, opéré par l'intervention des receveurs municipaux ou percepteurs, nous paraissent donc non-seulement peu fondés, mais même contraires à l'instruction que nous venons de signaler et qui a été adressée, à M. le Préfet du Haut-Rhin, par M. le Ministre de l'Intérieur, le 9 juin 1838 [1].

Le recouvrement des cotisations nous paraît, au contraire, présenter des difficultés réelles lorsqu'il est privé de l'intervention des autorités,

---

[1] Voy. Circulaire adressée, en 1858, par M. Bret, ancien préfet du Haut-Rhin, à MM. les maires du département, et relative aux dépenses des pâtres et des troupeaux communaux.

c'est-à-dire, lorsqu'il n'a pas lieu suivant les formes *établies pour le recouvrement des contributions publiques.* Dans ce cas, il n'existe naturellement point de traité entre la commune et l'entrepreneur, et ce dernier n'a d'autres moyens légaux à sa disposition pour la récupération des sommes qui lui sont dues, que l'assistance que peut lui offrir l'huissier de la justice de paix. Ce sont, du reste, les conséquences fâcheuses de ce mode de recouvrement qui ont fait faire, à M. Bret, contrairement à M. Migneret, les observations suivantes ; « Je ne me suis pas dissimulé, disait-il dans une circulaire du 18 août 1838, les inconvénients du mode de recouvrement de ces taxes, qui, ayant lieu *sans l'intervention des receveurs municipaux,* donnent souvent lieu à des difficultés, et j'ai cru devoir consulter à ce sujet M. le Ministre de l'Intérieur. Il résulte de sa réponse du 9 juin 1838 : qu'en effet les dépenses relatives à la garde du troupeau commun et au service de la reproduction ne sont pas municipales, en ce sens que la caisse municipale ne fournit pas les fonds nécessaires pour y subvenir, mais que, puisqu'aux termes de l'article 6 de la loi du 11 frimaire an VII, elles doivent être supportées proportionnellement par ceux qui en profitent, conformément au règlement arrêté par les administrations municipales, rien ne s'opposerait à ce que les sommes auxquelles les habitants ou propriétaires auraient été taxés, fussent versées dans la caisse municipale pour servir au paiement des dépenses dont il s'agit. »

Or, si l'article 44 de la loi municipale du 18 juillet 1837 établissant une recette, autorise implicitement une dépense, il faut nécessairement une convention quelconque entre la commune et l'entrepreneur, et il devient ainsi difficile à s'expliquer, en vertu de quelle loi, M. Migneret prit l'arrêté selon lequel ne seront plus approuvées, à partir du 30 janvier 1864, les concessions faites par les administrations municipales, au nom des communes.

Quoiqu'il en soit, il est, d'un autre côté, certain que si l'entreprise est privée ou particulière, l'entrepreneur est seul juge et du choix et de la validité du reproducteur communal. Or, si au lieu d'être animé du désir de voir prospérer le bétail dans la commune, si au lieu d'être pénétré de l'importance qui se rattache à sa mission, il se laisse, au contraire, guider par la perspective du bénéfice qui devra résulter de son entreprise ; dans ce cas, la prospérité du troupeau marchera sûrement et rapidement vers son déclin.

C'est, assurément, l'ensemble de ces circonstances qui engage à la fois l'entrepreneur et la commune à persister dans l'usage, offrant à l'un *la garantie qu'il trouve dans le recouvrement opéré suivant les formes établies pour le recouvrement des contributions publiques*, et à l'autre, la faculté d'établir, vis-à-vis de l'entrepreneur, un cahier des charges qui répond aux besoins et aux intérêts de la commune.

Le principal argument, invoqué par l'ancien Préfet du Bas-Rhin, semble ainsi disparaître devant un examen, tant soit peu minutieux. Il n'en est cependant pas de même du second argument, relatif aux nombreuses contestations auxquelles le service, dont il s'agit, peut donner lieu entre la commune et l'entrepreneur.

Ce sont là évidemment des contestations très-regrettables et que nous avons, tout d'abord, signalées nous-même au lecteur. Nous les avons signalées, non-seulement comme fâcheuses au point de vue administratif, mais encore et principalement au point de vue de la prospérité du troupeau. La non-intervention de l'administration communale entre les détenteurs de bêtes bovines et l'entrepreneur des reproducteurs serait, à coup sûr, le moyen le plus simple et le plus efficace pour faire cesser ces inconvénients car rien n'est plus logique que de faire disparaître la cause pour éviter son effet.

Mais la cause réside, comme le dit M. Migneret lui-même *dans les intérêts de l'agriculture qui sont trop étroitement liés à une bonne reproduction du bétail et à l'amélioration des races, pour que les administrations des communes rurales puissent demeurer indifférentes à ce résultat.* A ce point de vue la cause est nécessairement trop importante pour la faire disparaître par un trait de plume.

Aussi, M. Migneret ne repousse-t-il pas absolument l'intervention administrative en cette matière; seulement, il importe, dit-il, que l'intervention *soit contenue dans de justes limites !*... et les communes auxquelles leurs ressources le permettront, pourront inscrire annuellement dans leurs budgets une certaine somme pour *encouragement aux éleveurs d'animaux reproducteurs.*

Mais cette faculté d'accorder des primes aux éleveurs d'animaux reproducteurs, n'est-elle pas, elle-même, une infraction à la loi du 11 frimaire an VII, qui dit formellement que les dépenses relatives à la reproduction ne peuvent pas être municipales ? — A son tour, M. Migneret, n'a-t-il pas éludé la loi en permettant à la population rurale du département du Bas-Rhin de contribuer, d'une manière indirecte, au service de la reproduction ? — Or, si une intervention quelconque de l'administration municipale est utile , est nécessaire en raison des considérations signalées dans la circulaire même de M. Migneret, n'en résulte-t-il pas une contradiction fâcheuse entre les intérêts de l'agriculture et la loi en question ?

Et d'ailleurs , ne faut-il pas se demander où sont les limites dont parle M. Migneret et dans lesquelles les encouragements accordés par les administrations municipales doivent se contenir ? — Où est la commune qui aurait la conscience de les avoir outrepassés? — Et enfin, ne faut-il pas également se demander si les successeurs de M. Migneret ne seraient pas dans le cas de considérer ces limites d'un autre point de vue, *ou plus étendu, ou plus restreint ?*

Ce qui est incontestable , c'est que les communes ne se font pas un cas de conscience d'éluder la loi chaque fois que l'occasion se présente, et de soustraire à la surveillance départementale les terrains communaux dont nous avons parlé plus haut. Ce qui est certain encore , c'est que l'appréciation des limites de l'intervention municipale est subordonnée à l'importance, attachée par l'administration départementale, aux intérêts purement agricoles , d'où il résulte que ces appréciations seront toujours plus ou moins arbitraires.

Eh bien, c'est précisément dans ces appréciations arbitraires, provoquées aujourd'hui par la force des choses, quoiqu'elles soient contraires à la loi du 11 frimaire an VII ; que, suivant nous, réside la cause des contestations regrettables, qui ont été indiquées dans la circulaire de M. Migneret.

En effet, la commune, ne pouvant donner ni le logement aux bêtes mâles, ni leur affecter des terrains communaux et, réduite à accorder de simples encouragements à l'entrepreneur du service des bêtes mâles, est nécessairement obligée de se plier aux exigences d'un très-petit nombre d'habitants, souvent même aux exigences d'un seul individu à même d'accepter les charges qui incombent à l'entrepreneur.

Nous ne reproduirons pas l'énumération des conséquences désastreuses qui résultent de cet état de choses pour les troupeaux communaux, mais ce que nous croyons devoir faire observer de nouveau, c'est que l'amélioration de nos races bovines, l'amélioration qui a fait l'objet principal de ces études, ne sera pas possible aussi longtemps qu'elle aura à lutter contre des circonstances si contraires à sa réalisation.

Si nous avons longuement décrit ces inconvénients et ces entraves , nous laisserons, par contre, à d'autres plus compétents et plus expérimentés que nous en matière d'économie sociale, le soin d'y trouver des remèdes. Un mot, toutefois, nous semble encore nécessaire au sujet de la circulaire de M. Migneret.

L'infatigable activité qui distinguait l'ancien administrateur du Bas-Rhin ainsi que la sollicitude affectueuse que témoignait M. Migneret à ses administrés, lui a fait gagner une place dans les annales de ce département. Ce n'est donc pas à l'administrateur que nous allons faire l'observation suivante mais bien à l'homme qui ne peut posséder, au même degré, toutes les branches des connaissances humaines.

Dans l'économie du bétail, par exemple, il faut établir une distinction entre les difficultés qui entourent l'élevage et l'entretien des animaux reproducteurs d'espèces différentes. L'entretien des uns exige, ou de grandes exploitations, ou une association entre les moyens et les petits cultivateurs ; l'entretien des autres, au contraire, est à la portée de chaque propriétaire, quelle que soit l'étendue de ses cultures. Parmi les reproducteurs que nous venons d'indiquer en premier lieu, il faut compter les espèces chevalines et bovines. L'étalon, dans les races bovines, ne peut exister ou plutôt ne peut prospérer que dans des conditions sur lesquelles nous n'avons pas à revenir, et qui réclament des capitaux assez considérables. L'étalon de l'espèce chevaline est placé dans les mêmes conditions, et c'est, certainement, à ce titre seul que l'Etat a jugé son intervention nécessaire. Il n'en est pas de même des autres espèces d'animaux domestiques, les coqs, les boucs, les béliers, les verrats sont loin de présenter les mêmes difficultés dans leur entretien et dans leur élevage.

Or, M. Migneret, en rappelant dans sa circulaire, adressée à MM. les maires, que l'entretien des animaux reproducteurs tels que *taureaux*, *verrats* et *autres*, n'était pas un objet dévolu par les lois aux soins des administrations communales, a commis une confusion, que nous regrettons d'autant plus, qu'elle confond, en quelque sorte, l'action privée avec l'action collective.

Aux yeux du public, c'est-à-dire aux yeux de tous ceux qui n'ont pas étudié spécialement l'économie du bétail, il n'y aurait ainsi point de raisons légitimes pour accorder l'intervention communale, plutôt aux espèces chevalines et bovines, qu'aux espèces porcines et ovines, voire même les oiseaux de basse-cour. Cependant, l'intervention de l'Etat, ainsi que celle des départements et des grandes villes, en faveur de l'élevage des chevaux, prouve qu'il n'en est pas ainsi.

En effet, si la loi du 11 frimaire an VII, est applicable indistinctement à toutes les espèces de reproducteurs, on a de la peine à comprendre en vertu de quel droit le conseil général du Bas-Rhin accorde, par exemple, une somme de 16,900 fr. par an, à l'élevage du cheval. On comprendrait tout aussi peu les 3,000 fr. accordés par la ville de Strasbourg et les 2,000 fr. accordés par la ville de Wissembourg au même objet.

Sans nous arrêter à des considérations que ces chiffres pourraient nous faire faire, nous dirons néanmoins qu'ils nous rappellent les débats passionnés qui ont eu lieu, il y a quelques années à peine, au sujet de l'intervention de l'Etat dans la production des chevaux.

On ne contesta pas alors l'utilité et la nécessité de l'intervention de l'Etat, mais on reprocha à l'intervention de trop centraliser son action et d'agir trop uniformément sans égard pour les besoins locaux. Aux yeux des adversaires des haras, ces institutions avaient, pour conséquences inévitables, de ne présenter aux éleveurs qu'un seul procédé d'amélioration, celui du croisement[1]. Cette uniformité, suite absolue de la centralisation, enlevait aux conseils généraux la faculté d'introduire et d'encourager dans leurs départements les étalons, soit étrangers soit indigènes, et qui leur semblaient répondre le plus aux cultures et aux besoins des localités.

Eh bien, ces débats, comparés à la question qui nous occupe ici, offrent évidemment une analogie frappante avec les circonstances qui nous semblent constituer les principaux empêchements à l'amélioration des races bovines de notre province. Nos administrations supérieures, nos sociétés d'agriculture et nos comices, accordent bien également et annuellement, quelques faibles encouragements à l'amélioration des races dont il s'agit ; mais, remarquons-le bien, c'est à condition d'employer des reproducteurs ou de la Hollande septentrionale ou du Sim-

---

[1] Suivant M. Sanson, le croisement a été une conséquence normale et rigoureuse du faux principe de la centralisation. « Ce faux principe, dit-il, au lieu de conduire, comme il l'a fait jusqu'à présent, l'administration à ériger le croisement en système, l'eut-il conduite à en faire de même de la sélection, pour être moins désastreuse, puisque la sélection ne saurait faire du mal à aucune race, ce système également absolu n'en eût pas pour cela été moins condamnable, attendu qu'il nous aurait privés d'un moyen, qui a sa raison et son utilité dans un grand nombre de cas. (Voy. *Livre de la ferme*, 8e fascicule, page 462.)

methal, obligation qui force nécessairement nos éleveurs d'agir, s'ils veulent profiter des encouragements, également et uniquement par la voie du croisement. Est-il, dès-lors, surprenant de voir nos deux départements peuplés de Métis qui, le plus souvent, ne répondent nullement aux conditions si variées que nous avons démontrées dans le cours de ces études.

Nous n'avons pas, nous le répétons, la prétention d'indiquer une une voie à suivre qui, à son tour, ne présenterait pas également des inconvénients et des mécomptes ; mais, ce que nous croyons devoir faire remarquer comme conclusion de ce travail, c'est, selon nous, la nécessité de laisser une part d'action plus grande aux communes rurales, en leur accordant la faculté de pouvoir contribuer directement, et autant que leurs ressources le permettent, à la reproduction et à l'amélioration des races indigènes. Dans ce but, les communes ne pourraient-elles pas former des groupes soit par districts, soit par arrondissements, soit même par cantons, en d'autres termes, les communes ne pourraient-elles pas se grouper suivant les besoins locaux et créer des établissements spéciaux destinés à l'élevage des reproducteurs ? L'administration départementale, en accordant à ces établissements quelques subsides, serait en droit de les mettre sous la surveillance des vétérinaires, des sociétés d'agriculture, et des comices qui, à leur tour, pourraient y entreprendre des observations suivies sur la consanguinité, sur le croisement, sur la sélection, etc., et y établir des stuttboock, sans lesquels des expériences sérieuses sont évidemment impossibles [1].

Relier les intérêts épars des communes situées à proximité les unes des autres, encourager l'action collective et modifier la loi du 11 fri-

---

[1] « Dans certaines communes de la Suisse, dit M. P. Tschudi, des corporations se chargent de l'entretien des taureaux. De pareilles associations offrent d'excellents résultats aux éleveurs si les statuts de l'association sont rédigés d'une manière sage et prudente, et s'ils sont ponctuellement exécutés. Mais, ajoute M. Tschudi, si nous voulons sûrement atteindre le perfectionnement de nos races bovines, il faut absolument que l'entretien des reproducteurs mâles soit réglé par les autorités (*So musz durchaus von Staatswegen die Haltung der Zuchtstiere geordnet werden.*) Il faut proportionner les troupeaux aux taureaux et offrir à l'entrepreneur autant d'avantages que possible, afin qu'il exécute, avec empressement, l'engagement qu'il a contracté. »

(Voy. *Der Schweizer-Bauer*, 4e livraison, page 74.)

maire an VII ; telles nous semblent être, à part la propagation des connaissances zootechniques, les mesures nécessaires à prendre, pour surmonter dans notre province les difficultés créées par le morcellement des terres, suite inévitable, selon l'expression de M. Rouher, des dispositions libérales de notre législation.

Colmar, Imprimerie et Lithographie de CAMILLE DECKER.

EN VENTE A LA LIBRAIRIE AGRICOLE

RUE JACOB, 26, A PARIS.

ANIMAUX DE LA FERME, par Victor Borie. — L'espèce bovine, en cours de publication, forme vingt livraisons. Chaque livraison forme 2 ou 3 aquarelles et 16 pages de texte grand in-4°, édition de luxe.

Douze livraisons sont en vente :

Race flamande.	**Race comtoise.**
Race normande.	**Race de Salers.**
Race bretonne.	**Race garonnaise.**
Race parthenaise.	**Races bazadaise et landaise.**
Race charolaise.	**Races gasconne et gévaudan.**
Races mancelles et limousine	**Races des Pyrénées.**

fr. c.

Le prix d'une livraison, prise séparément, est de . . . . . 4 —

Le prix des 20 livraisous, payées à l'avance, est de . . . . . 60 —

RACE FLAMANDE, par Levoir, 1 vol. in-4° de 216 pages, avec 114 gravures noires et à planches coloriées. (Edition de l'imprimerie impériale) . . . . 20 —

VACHES LAITIÉRES (Guide des propriétaires dans le choix des), par Eug. Tisserand. Deuxième édition, 1 vol. in-18 de 596 pages et 19 gravures . . . . 4 —

BÊTES A CORNES (Manuel de l'éleveur des), par Villeroy. 500 pages et 60 gravures 1 25

ENGRAISSEMENT DU BOEUF, par Vial. 1 vol. in-18 de 180 pages et 12 gravures 1 25

VACHES LAITIÉRES (Choix des), par Magne. 144 pages et 59 gravures 1 25

LAITERIE, BEURRE ET FROMAGE, par F. Villeroy. 1 vol in-18 de 500 pages et 59 gravures 3 50

ENQUÊTE AGRICOLE dans les départements frontières du Nord-Est (Quelques considérations relatives à l'), par J. F. Flaxland. 46 pages in-8° . . . . 1 —

IMPRIMERIE ET LITHOGRAPHIE DE CAMILLE DECKER.

www.ingramcontent.com/pod-product-compliance
Lightning Source LLC
Chambersburg PA
CBHW051543050726
47595CB00002B/620